FORSCHUNGSBERICHTE DES LANDES NORDRHEIN-WESTFALEN

Nr. 2067

Herausgegeben im Auftrage des Ministerpräsidenten Heinz Kühn
von Staatssekretär Professor Dr. h. c. Dr. E. h. Leo Brandt

DK 620.179.16:691

*Prof. Dr. rer. nat. Heinrich Baule*
*Ing. grad. Friedhelm Schluckebier*

Institut für Geophysik, Schwingungs- und Schalltechnik
der Westfälischen Berggewerkschaftskasse Bochum

Untersuchungen zur
Entwicklung eines Verfahrens zum Nachweis
von Wand- bzw. Mauerdicke und Gefügeschäden
bei Tunnel- und Schachtauskleidungen

SPRINGER FACHMEDIEN WIESBADEN GMBH 1970

ISBN 978-3-663-19925-0     ISBN 978-3-663-20269-1 (eBook)
DOI 10.1007/978-3-663-20269-1

Verlags-Nr. 012067

© 1970 by Springer Fachmedien Wiesbaden

Ursprünglich erschienen bei Westdeutscher Verlag GmbH, Köln und Opladen 1970

Gesamtherstellung: Westdeutscher Verlag

# Inhalt

| | |
|---|---|
| I. Aufgabenstellung des Forschungsvorhabens | 5 |
| II. Durchführung der Untersuchungen | 5 |
|     1. Untersuchungs- und Meßmethoden | 5 |
|     2. Verwendete Meßgeräte | 7 |
|         a) Laufzeitmessungen | 7 |
|         b) Reflexionsmessungen | 7 |
|         c) Intensitätsmessungen | 7 |
|         d) Abhorchverfahren | 7 |
|             Meßgerätetabelle | 8 |
| III. Ergebnisse der Untersuchungen | 9 |
|     1. Schallgeschwindigkeiten in Baustoffen | 9 |
|         a) Sandstein und Grauwacke | 9 |
|         b) Ziegelstein und Mauerwerk | 11 |
|         c) Beton | 14 |
|         d) Asphalt »Spramex 200« | 14 |
|         e) Anomale Ultraschallgeschwindigkeiten | 15 |
|     2. Ergebnisse praktischer Messungen in situ | 15 |
|         a) Mauerwerk | 15 |
|         b) Betonausbau, Hengstenberg-Tunnel | 16 |
|     3. Mehrfachreflexionen an Proben | 16 |
|     4. Abhorch-Resonanzverfahren | 17 |
| IV. Zusammenfassung | 18 |
| V. Literaturverzeichnis | 19 |
| VI. Abbildungen | 20 |

# I. Aufgabenstellung des Forschungsvorhabens

Bei den rd. 520 Eisenbahntunneln der Deutschen Bundesbahn mit ca. 200 km Gesamtlänge liegen in großem Umfang Schäden am Auskleidungsmauerwerk vor. Diese sind von der Laibung aus oft schwer oder gar nicht zu erkennen. Bohrungen oder Aufbrüche bringen nur unzureichende Aufschlüsse, so daß man häufig bei Umbauarbeiten – z. B. im Zuge der Elektrifizierung – vor unerwarteten Schäden steht. Es handelt sich dabei hauptsächlich um Druck- und Scherrisse innerhalb des Mauerwerks, vgl. Abb. 1–3.
Im Untertage-Bergbau treten ebenso Schäden an den Auskleidungen und Ausmauerungen der Schächte und Strecken auf. In Grubenbauen gefährden lockere Schalen die Bergleute.
Daher besteht sowohl seitens der Deutschen Bundesbahn als auch seitens des Steinkohlenbergbaus das Bedürfnis für ein Verfahren, mit dem die Wand- bzw. Mauerdicken und Gefügeschäden bei Tunnel- und Schachtauskleidungen schnell und sicher ermittelt werden können. Oft kommt es darauf an, fehlerhafte Stellen zu finden, an denen gegebenenfalls durch Bohrungen genauere Aufschlüsse gewonnen werden können.
Ähnliche Probleme liegen in der Vorausbestimmung geologischer Störungen in Kohleflözen unter Tage vor. Der Unterschied zwischen der Bestimmung der Wandstärke einer Schachtauskleidung und der Lage einer Störung im Flöz liegt darin, daß es sich im letzten Fall um ein anderes Medium, nämlich Kohle, handelt und darin, daß die Entfernungen um das 10- bis 100fache größer sind. Die in Betracht kommende Stärke einer Ausmauerung bei Tunneln und Schächten liegt in den meisten Fällen bei bis zu ca. 1 m.

# II. Durchführung der Untersuchungen

1. Untersuchungs- und Meßmethoden

Für die Lösung der gestellten Aufgabe schienen zu Beginn des Forschungsvorhabens nach den bis dahin gesammelten Erfahrungen und der bekannten Fachliteratur die Methoden der zerstörungsfreien Werkstoffprüfung mit Ultraschall geeignet zu sein [1, 2]. Voruntersuchungen zur Bestimmung der Ausbreitungsgeschwindigkeit von Ultraschallwellen mit den Frequenzen 22 kHz und 800 kHz waren bereits erfolgt. Ebenso lagen die aus diesen Untersuchungen sich ergebenden Konstanten wie z. B. die Elastizitätsmoduln und die Poissonzahlen für Gesteine aus dem Deckgebirge des Karbons und von Kohleproben im Institut vor.
Die neuen Untersuchungen mußten sich darüber hinaus auf das speziell für Tunnel- und Schachtauskleidungen verwendete Material erstrecken, also auf Beton, Ziegelstein, Grauwacke und verschiedene Sandsteinarten.
Mehrere Untersuchungsmethoden und Meßverfahren wurden angewandt bzw. zur Lösung des äußerst schwierigen Problems herangezogen.

a) Zur *Bestimmung der Wand- bzw. Mauerdicke* kamen als wichtigste

das Reflexionsverfahren (Abb. 4) und
das Refraktionsverfahren (Abb. 5)

in Betracht. Beide Verfahren haben sich in der angewandten Seismik bei ähnlichen, jedoch großräumigeren Projekten bewährt. Beide Verfahren beruhen auf den unterschiedlichen Ausbreitungsgeschwindigkeiten elastischer Wellen in verschiedenartigem Material. Als wichtigste zu messende Größe ist die Laufzeit der Wellen zu ermitteln; die beiden Methoden gehören also zu den Laufzeitmeßverfahren.

*Die Messung der Ausbreitungsgeschwindigkeiten der elastischen Wellen, sowohl der durch Ultraschall als auch der durch Hammerschlag o. ä. erzeugten niederfrequenten Wellen, war demnach zunächst die Hauptaufgabe der auszuführenden Untersuchungen.*

Hierbei ist zwischen Durchschallungs- und Punktfolgemessungen [3] zu unterscheiden. Bei der Durchschallungsmessung (Abb. 6) befinden sich der Schallsender und der Schallempfänger auf gegenüberliegenden, planparallelen Flächen einer Gesteinsprobe oder einer Wand.

Bei der Punktfolgemessung (Abb. 7) bleibt der Schallsender auf einer ebenen Fläche am Prüfling angekoppelt und der Schallempfänger wandert auf einer vorher festgelegten Meß- oder Mantellinie punktweise weiter. Für jeden Meßpunkt werden die Entfernung von der Sendestelle ($s$ in cm) und die Laufzeit der Schallwelle ($t$ in µs) in ein rechtwinkliges Koordinatensystem eingetragen. Die Neigung der sich ergebenden Punktfolgelinie ergibt die Geschwindigkeit $v$ in dem untersuchten Material nach der Beziehung:

$$v = \frac{\Delta s}{\Delta t} \left[ 10^4 \, \frac{\text{cm}}{\text{µs}} = \frac{\text{m}}{\text{s}} \right].$$

Bei der Reflexionsmessung unterscheidet man zwei Methoden. Die Einkopf-Methode (Abb. 8) wird in der zerstörungsfreien Werkstoffprüfung vorwiegend angewandt. Man verwendet nur *einen* Schallkopf, der einen Schallimpuls ausstrahlt und im nächsten Augenblick für zurückgestrahlte Echos empfangsbereit ist. Die Zweikopf-Methode (Abb. 9) arbeitet mit getrenntem Sende- und Empfangsschallkopf. In beiden Fällen mißt man nur die Laufzeit; man muß also zusätzlich für die Angabe der Entfernung bis zur reflektierenden Schicht bzw. der Wanddicke die Ausbreitungsgeschwindigkeit kennen, damit man aus Zeit und Geschwindigkeit die Wanddicke berechnen kann.

Nach dem Refraktionsverfahren werden dagegen die Geschwindigkeiten aus der Neigung der Laufzeitkurvenäste und ebenso die Schicht- bzw. Mauerdicke aus der Knickpunktentfernung in der Laufzeitkurve ermittelt.

b) Zur *Bestimmung von nicht sichtbaren Gefügeschäden,* von verdeckten Rissen, u. U. auch von Hohlräumen, wurden neben den vorgenannten Laufzeitmeßverfahren, bei denen sich z. B. Risse als Knicke oder Versetzungen in den Laufzeitkurven abzeichnen können, vornehmlich

das Intensitätsverfahren und
das Abhorchverfahren (Resonanzmethode)

herangezogen. Beim Intensitätsverfahren kann z. B. die sprunghafte Abnahme der Amplitude der Schallenergie mit der Entfernung auf Risse, Schwachstellen oder ähnliche Gefügeschäden hinweisen. Beim Abhorchverfahren läßt sich u. U. durch Beschallung oder durch Beklopfen einer Wand bei gleichzeitigem Abhören der akustischen Reaktion der abgestrahlte Körper- und Luftschall je nach Klangart und Resonanz als Hinweis auf Gefügeschäden und Schwachstellen verwenden.

## 2. Verwendete Meßgeräte

*a) Laufzeitmessungen*

Für die Untersuchungen wurde die elektronische Laufzeitmeßapparatur des Instituts eingesetzt, vgl. Abb. 10. Mit dieser Meßapparatur wurden Durchschallungs- und Punktfolgemessungen mit 22 kHz und 800 kHz durchgeführt. Mit der Erregerfrequenz 800 kHz lassen sich wegen der Bauart der zugehörigen Schallköpfe nur Durchschallungsmessungen vornehmen. Die Abb. 11 und 12 zeigen typische Schirmbildaufnahmen von Elektronenstrahloszillographen bei solchen Messungen.
Um den Einfluß der Meßfrequenz bei den in Betracht kommenden Baustoffen zu untersuchen, mußten im Laufe der Zeit weitere Geräte eingesetzt werden.
In Abb. 13 ist ein im Eigenbau hergestellter Impulsgenerator gezeigt, der einen Philips-Schwingungserreger speist. Mit dieser Einrichtung wurden ebenfalls Punktfolge- und Durchschallungsmessungen ermöglicht. Der Stahlstift des Philips-Schwingungserregers schlägt periodisch gegen die Gesteinsprobe und erzeugt darin Frequenzen zwischen ca. 5 kHz bis 7 kHz. Das »Seismogramm« einer solchen Messung zeigt die Schirmbildaufnahme in Abb. 14.

*b) Reflexionsmessungen*

Nach den guten Erfahrungen, die man mit Ultraschallgeräten für die zerstörungsfreie Werkstoffprüfung gemacht hatte, wurden für die Reflexionsmessungen im Material von Schachtauskleidungen gleichartige Geräte benutzt. Die beiden Impuls-Schallgeräte USIP/9 und USIP/9 spez. sind in den Abb. 15 und 16 dargestellt. Mit dem ersten Gerät lassen sich Durchschallungs- und Reflexionsmessungen mit den Frequenzen 0,25 MHz, 0,5 MHz, 1 MHz, 2 MHz, 4 MHz und 6 MHz durchführen. Das andere Gerät stellt eine von der Firma Dr. J. und H. Krautkrämer in Köln hergestellte Spezialausführung dar. Mit diesem Gerät lassen sich Durchschallungs- und Reflexionsmessungen mit den niedrigen Frequenzen 50 kHz, 85 kHz und 150 kHz vornehmen. Für sehr genaue Messungen ist ferner eine Wasservergleichsstrecke (Interferometer) vorhanden. Durch eine selbst vorgenommene Schaltungsänderung ist es möglich, auf den Bildschirmen der beiden Impuls-Schallgeräte genaue, quarzkontrollierte Zeitmarken darzustellen, vgl. Abb. 17, dadurch ergibt sich für die Eichung der Geräte eine wesentliche Erleichterung.

*c) Intensitätsmessungen*

Die unter a) und b) beschriebenen elektronischen Meßeinrichtungen ließen sich nach geringfügigen Abwandlungen auch für Amplituden- und Intensitätsvergleichsmessungen benutzen, vgl. die später beschriebenen Messungen im Hengstenberg-Tunnel Seite 16. Ebenso sind für solche Untersuchungen die Körperschallmeßeinrichtungen der Firma Brüel und Kjaer geeignet.

*d) Abhorchverfahren*

Es ist bekannt, daß lose Schalen an Auskleidungen und Mauerwerk, nicht satt am Mauerwerk anliegende Verblendungsplatten und Beton- und Mauerwerksteile mit dahinter liegenden Hohlräumen sich beim Abklopfen durch ein anderes Klangbild als die benachbarten, festen Partien herausheben. Zum Abhören derartigen, meist durch Resonanz bedingten Körper- und Luftschalles eignet sich das hochempfindliche »Bergbau-Horchgerät«, das zum Abhören von Klopfzeichen verschütteter Bergleute entwickelt wurde [17], vgl. Abb. 18. Die unter c) genannten Körperschallmeßeinrichtungen können dafür ebenfalls eingerichtet werden.

Einen Überblick über die eingesetzten Meßgeräte gibt die nachfolgende Zusammenstellung. Die Geräte überdecken ein breites Frequenzspektrum von ca. 5 kHz bis 6 MHz, d. h. bei Zugrundelegung einer mittleren Ausbreitungsgeschwindigkeit von 3000 m/s stehen Wellenlängen zwischen $\lambda = 600$ mm und 0,5 mm zur Verfügung, so daß eine Anpassung an das zu untersuchende Material möglich ist. Dies Material ist sehr unterschiedlich. Für Tunnelausmauerungen werden vielfach Ziegelmauerwerk, Grauwacke, Sandstein und Beton verwandt. Das Mauerwerk kann auch so aufgebaut sein, daß auf Grauwacke- oder Sandsteinsockeln ein Ziegelgewölbe aufgesetzt ist.

Schachtauskleidungen, wie sie im Bergbau anzutreffen sind, werden ein- oder mehrschichtig aufgebaut, vgl. Abb. 19. Dabei kommen auch Grauguß und Stahl zur Anwendung. Stahl wird als Einlage, als Zwischenschicht oder für die innere Laibung in Form von Tübbingen angewandt. Als Füllmaterial wurde beim Bau des neuen Schachtes Wulfen ein spezieller Asphalt der Deutschen Shell AG eingebracht. Grauguß wird ausschließlich für Tübbingausbau verwendet.

Betonformsteine unterschiedlicher Formate aus Stampf- oder Schwerbeton werden sehr oft für den untertägigen Streckenausbau benutzt, wobei die Fugen mit Mörtel und auch mit einer nachgiebigen Füllmasse versehen sind.

Die Tunnel- und Schachtauskleidungen sind meist aus so verschiedenartigem Material oder Materialkombinationen zusammengesetzt, daß es äußerst schwierig, wenn nicht gar unmöglich ist, zur Untersuchung oder Ausmessung derartig inhomogener Körper ein geeignetes physikalisches oder technisches Verfahren zu finden. Die in diesem Bericht zusammengefaßten Untersuchungen betreffen deshalb vornehmlich zunächst Messungen im Labor an den einzelnen Baustoffmaterialien, die selbst schon u. U. sehr inhomogen und komplex sein können.

Soweit Grauwacke oder Sandstein in Form größerer Brocken oder Handstücke vorlagen, wurden die Stücke mit Hilfe eigener Gesteinssägen und -bohrmaschinen auf geeignete Prismen- oder Zylinderform zugeschnitten.

*Zusammenstellung der verwendeten Meßgeräte und sonstiger Hilfsgeräte*

1. Elektronische Laufzeitmeßapparatur mit Meßbahn für Punktfolge- und Durchschallungsmessungen
   Elektronischer Impulsgenerator 5 kHz, bis 7 kHz Eigenbau
   Ultraschall-Impuls-Zeitmarkengeber 22 kHz, 800 kHz Eigenbau

2. Impuls-Schallgerät USIP/9 von Dr. J. und H. Krautkrämer
   Durchschallungs- und Reflexionsmessungen
   0,25 MHz, 0,5 MHz, 1 MHz, 2 MHz, 4 MHz, 6 MHz

3. Impuls-Schallgerät USIP/9 spez. von Dr. J. und H. Krautkrämer
   Durchschallungs- und Reflexionsmessungen
   50 kHz, 85 kHz, 150 kHz

4. 1 Philips-Schwingungserreger, Type PR 9270
   1 magnetostriktiver Schwinger $f_0 = 22$ kHz
   2 Seignette-Salz-Kristalle $f_0 = 50$ kHz
   2 piezomagnetische Schwinger $f_0 = 40$ kHz
   2 Barium-Titanatschwinger zu USIP/9 spez.
   2 Quarzschwinger $f_0 = 800$ kHz
   2 Barium-Titanatschwinger für jede Frequenz des USIP/9

5. 1 Interferometer zu USIP/9
6. 1 Elektronenstrahl-Oszillograph, Tektronix, Type 532, mit 1 Zweistrahl-Einschub, zur elektronischen Laufzeitmeßapparatur unter 1.
7. Zeitmarkengenerator, Tektronix, Type 180 A, mit thermostatisch geregeltem Quarzschwinger
8. 1 Elektronenstrahl-Oszillograph, Tektronix, Type 564, (Speicheroszillograph)
9. 1 Polaroid-Land-Kamera, passend zu den vorstehenden Oszillographen
10. 1 Körperschallabtaster (Beschleunigungsaufnehmer) mit Vorverstärker, Fabrikat Brüel und Kjaer
11. 1 Bergbau-Horchgerät alter und neuer (transistorisierter) Form / Eigenbau der WBK

## III. Ergebnisse der Untersuchungen

### 1. Schallgeschwindigkeiten in verschiedenen Baustoffen für Tunnel- und Schachtauskleidungen

Während der mehrjährigen Untersuchungszeit wurden an einer großen Fülle von Handstücken und mehreren hundert Bohrkernproben elektronische Laufzeitmessungen zur Bestimmung der seismischen Ausbreitungsgeschwindigkeiten in den verschiedenen Materialien im Labor und – einige Messungen – in situ ausgeführt. Je nach benutzter Frequenz bzw. Wellenlänge des Sendeimpulses im Vergleich zu den Abmessungen der Proben konnten die Geschwindigkeiten für die verschiedenen Wellentypen, insbesondere die Stabdehnungswellengeschwindigkeit $v_d$ und die Vollraum- bzw. Longitudinalwellengeschwindigkeit $v_l$ ermittelt werden.

Aus der großen Zahl der durchgeführten Geschwindigkeitsmessungen sind im nachfolgenden Teil dieses Berichtes an einigen Beispielen die wichtigsten Ergebnisse dargestellt.

*a) Sandstein und Grauwacke*

Es zeigte sich, daß die im Tunnelbau häufig benutzten Sandsteine verschiedenen Typs und Grauwackesteine doch recht unterschiedliche Ausbreitungsgeschwindigkeiten aufweisen. So ergibt sich aus Abb. 20, in der gleichzeitig die Meß- und Auswertemethode einer Laufzeitmessung veranschaulicht ist, für Keupersandstein die niedrige Schallgeschwindigkeit $v_d = 2355$ m/s bzw. $v_l = 2500$ m/s. Dagegen erreichte die höchste an einem Handstück aus feinkörnigem Sandstein festgestellte Ausbreitungsgeschwindigkeit der Longitudinalwelle mit $v_l = 4700$ m/s fast den doppelt so großen Wert.

In der nachfolgenden Zahlentafel auf Seite 10 sind die Ergebnisse der Messungen an einigen ausgewählten Beispielen für verschiedenes Material einander gegenübergestellt.

Die niedrigen Geschwindigkeitswerte mit $v = 2500$ m/s im Beispiel Nr. 1 sind für den Keupersandstein charakteristisch. Festere Sandsteinarten weisen Werte zwischen ca. 3000 m/s und 5000 m/s auf. Die Grauwackeprobe hat eine Ausbreitungsgeschwindigkeit von 4000 m/s. Die Messungen an den Beispielen 12 bis einschließlich 14 geben einige

Tabelle

| Bei-spiel | Material | Meßfrequenz | | | | | | | | | | | | Abmessungen | |
|---|---|---|---|---|---|---|---|---|---|---|---|---|---|---|---|
| | | mechan. 22 kHz Punktfolge v [m/s] | 22 kHz v [m/s] | 50 kHz Durchschallung v [m/s] | 85 kHz v [m/s] | 150 kHz v [m/s] | 0,25 MHz v [m/s] | 0,5 MHz v [m/s] | 0,8 MHz v [m/s] | 1 MHz v [m/s] | 2 MHz v [m/s] | 4 MHz v [m/s] | 6 MHz v [m/s] | l [cm] | d [cm⌀] |
| 1 | Keupersandstein | 2355 | 2355 | 2360 | 2400 | 2450 | 2500 | 2500 | 2500 | – | – | – | – | 11,8 | 2,5 |
| 2 | feinkörniger Sandstein | 4000 | 4000 | 4000 | 4100 | 4150 | 4170 | 4170 | 4200 | 4200 | 4200 | – | – | 22,7 | 3,2 |
| 3 | feinkörniger Sandstein | 4510 | 4510 | 4510 | 4600 | 4660 | 4660 | 4660 | – | – | – | – | – | 73,5 | 7,1 |
| 4 | feinkörniger Sandstein | 4550 | 4550 | – | – | – | – | – | – | – | – | – | – | 103 | 4,1 |
| 5 | grobkörniger Sandstein | 3730 | 3725 | 3730 in d. Ebene | 3750 | 3800 | 3890 | 3890 | – | – | – | – | – | 76,2 | 5,5 |
| 6 | Grauwacke F 1 | 4000 | 4000 | zw. d. Ebenen | – | – | 4510 | 4510 | 4510 | 4510 | 4510 | – | – | 18,4 / 20,2 | – |
| 7 | Grauwacke F 1' | 4000 | 4000 | in d. Ebenen | – | – | – | – | – | – | – | – | – | 18,4 / 20,2 | – |
| 8 | Grauwacke F 2 | 4000 | 4000 | in d. Ebenen | – | – | 4300 | 4300 | 4300 | 4300 | 4300 | – | – | 16,6 / 20,2 | – |
| 9 | Grauwacke F 2' | 4000 | 4000 | zw. d. Ebenen | – | – | – | – | – | – | – | – | – | 16,6 | – |
| 10 | Grauwacke F 3 | 4000 | 4000 | in d. Ebene | – | – | 4380 | 4380 | 4380 | 4380 | 4380 | – | – | | – |
| 11 | Bohrloch I – Sandstein | 3330 | 3330 | – | – | – | – | – | – | – | – | – | – | 252 | 8,5 |
| 12 | Bohrloch II – Sandstein | – | 4475 | – | – | – | – | – | – | – | – | – | – | 242 | 8,5 |
| 13 | Handstück I – Sandstein | 3330 | 3330 | – | – | – | 3920 | 3920 | 3940 | 4010 | 4110 | – | – | 14,5 | 10 |
| 14 | Handstück II – Sandstein | 3330 | 3330 | – | – | – | 3930 | 4410 | 4700 | 4700 | 4700 | – | – | 9,5 | 10 |
| 15 | Rundstahl | 5000 | 5000 | 5000 | 5300 | 5600 | 5800 | 5900 | 5900 | 5900 | 5900 | 5900 | 5900 | 29,2 | 4,0 |

Werte der Untersuchungen in situ auf der Versuchsgrube Tremonia, Dortmund, wieder. Die zwischen zwei etwa 2,5 m tiefen und 2 m voneinander entfernten Bohrlöchern festgestellte Geschwindigkeit von 4690 m/s stimmt gut mit dem im Labor am Handstück II bei 0,8 MHz bis 2 MHz ermittelten Wert von 4700 m/s überein; dies ist die Geschwindigkeit der Longitudinalwelle. Die in situ in Bohrloch I erhaltenen Werte von 3330 m/s liegen dagegen sehr niedrig.

Noch geringere, in der Tabelle nicht mitaufgeführte Werte, nämlich 2500 m/s und 2900 m/s, ergaben Punktfolgemessungen mit 22 kHz längs einer horizontalen und einer unter 45° ansteigenden, vom Bohrloch I ausgehenden Meßlinie an der Außenhaut – am Stoß – entlang. Zum Vergleich mit einem Material, das sich der Theorie entsprechend elastisch verhält und oft als Bezugs- oder Eichnormal benutzt wird, sind in der Tabelle als Beispiel 15 die Werte für eine Probe aus Rundstahl mitaufgeführt.

*b) Schallgeschwindigkeiten in Ziegelsteinen und Ziegelsteinmauerwerk*

Aus den umfangreichen Untersuchungen an Ziegelsteinen werden hier 6 Beispiele herausgegriffen. An den Teststeinen I bis VI, vgl. Tabelle auf Seite 12, wurden die Laufzeitkurven als Punktfolgemessungen bei mechanischer Anregung mit dem auf Seite 7 und 8 genannten Philips-Schwingungserreger und mit Ultraschallsendeimpulsen von 22 kHz ermittelt. Bei beiden Anregungsarten wurden wegen der unterschiedlichen Ankopplungsgüte der Sender zur Erhöhung der Meßsicherheit sogenannte Hin- und Rückmessungen ausgeführt, d. h. die Steine wurden in beiden Längsrichtungen durchschallt. Dabei bewährte sich gewöhnlicher Fensterkitt als bestes Ankopplungsmedium für Ultraschallsender. Wegen der Grobkörnigkeit und des porösen Aufbaus der Ziegelsteine konnten nur niedrige Frequenzen bzw. langwellige Sendeimpulse verwandt werden.

Je nach Güte bzw. Härte der Ziegelsteine ergaben sich sehr unterschiedliche Ausbreitungsgeschwindigkeiten. Drei typische Laufzeitkurven sind in den Abb. 21/22/23 wiedergegeben. Während der hartgebrannte Ziegelstein I eine Geschwindigkeit von rd. 2400 m/s aufwies, vgl. Abb. 21, hatte lt. Abb. 22 der weichgebrannte Ziegelstein IV nur eine Geschwindigkeit von 1375 m/s. Für den hartgebrannten Klinkerstein wurde erwartungsgemäß die sehr hohe Geschwindigkeit von 4000 m/s gemessen, vgl. Abb. 23. Die nachfolgende Tabelle auf Seite 12 mit den Messungen für die Ziegelsteine I–VI macht diesen Befund besonders deutlich. In diese Tabelle sind auch die Ergebnisse für ein kleines ½steiniges »Mauermodell« eingetragen, das aus den drei durch zwei 12 mm starke Mörtelfugen verbundenen Ziegelsteinen I, II, III bestand. Trotz des absichtlich gewählten wenig guten Mörtels aus 3 Teilen Sand, 1 Teil Kalk und 1 Teil Zement konnte das Modell außer mit mechanisch angeregten Impulsen auch mit Ultraschall durchdrungen werden. Während sich bei der Durchschallungsmessung entsprechend Abb. 6 die zu erwartende niedrige mittlere Geschwindigkeit von rd. 2200 m/s ergab, treten in der Laufzeitkurve nach der Punktfolgemessung in den einzelnen Kurvenästen der Abb. 24 jeweils die für die Einzelsteine typischen Geschwindigkeiten deutlich hervor.

Da Ziegelsteine stark hygroskopisch sind, wurde auch der Einfluß der Feuchtigkeit auf die Ausbreitungsgeschwindigkeit der Schallwellen bei einer Raumtemperatur von +20°C und bei Abkühlung auf Temperaturen unter dem Gefrierpunkt bis −14°C untersucht.

Der Ziegelstein VI wurde zunächst in einem Trockenofen bei ca. +90°C getrocknet und dann einer Laufzeitmessung bei Anregung mit 22 kHz unterzogen. Wie zu erwarten war, ergab sich keine merkliche Änderung der Schallgeschwindigkeit von 1350 m/s.

*Tabelle*

| Beispiel | mechanische Anregung | | 22 kHz | |
|---|---|---|---|---|
| | $v$ Hin [m/s] | $v$ Rück [m/s] | $v$ Hin [m/s] | $v$ Rück [m/s] |
| *Ziegelstein* | | | | |
| I  hart gebrannt | 2400 | 2385 | 2410 | 2430 |
| II  Klinker, hart | 4000 | 4000 | 4000 | 4000 |
| III  Ziegelstein, weich | 1515 | 1515 | 1550 | 1545 |
| IV  Ziegelstein, weich | 1375 | 1380 | 1375 | 1375 |
| V  Ziegelstein, weich | 1430 | 1430 | 1420 | 1420 |
| VI  Ziegelstein, weich | 1340 | 1350 | 1360 | 1370 |
| *Mauermodell* I + II + III | | | | |
| Durchschallung | 2170 | 2270 | 2140 | 2180 |
| Ziegelsteine I | 2380 | 2440 | 2420 | 2420 |
| mit | | | | |
| Mörtelfugen II | 4000 | 4000 | 4000 | 4000 |
| III | 1500 | 1525 | 1515 | 1520 |

Abmessungen der Ziegelsteine: ca. $6 \times 12 \times 24$ [cm] (Normalformat).

Anschließend erfolgte eine 18stündige Tränkung in Leitungswasser. Die dadurch bedingte Gewichtszunahme betrug 10,5% bezogen auf das Gewicht von 2,65 kp des trockenen Ziegelsteins. Aus der Wiederholung der Laufzeitmessung ergab sich für die Ausbreitungsgeschwindigkeit der gleiche Wert wie vorher. Nach einer kurzen Nachtränkung wurde der Ziegelstein mit den angesetzten Barium–Titanat-Schwingern von 50 kHz in einem Kühlschrank mit einer konstant gehaltenen Innentemperatur von $-14\,°C$ abgekühlt, dabei wurden ständig die Laufzeiten nach dem Durchschallungsverfahren gemessen. Zu Versuchsbeginn ergab sich eine Schallgeschwindigkeit von 1300 m/s. Nach einer Zeit von 45 Minuten erhöhte sich innerhalb von weiteren 30 Minuten die Ausbreitungsgeschwindigkeit auf rd. 3700 m/s; das entspricht der Geschwindigkeit im Eis. Die in Abb. 25 dargestellte Kurve zeigt den Verlauf der Schallgeschwindigkeit für den Ziegelstein VI, abhängig von der Abkühlungszeit bei konstanter Kühlschrank-Innentemperatur. In dem Zeitabschnitt, der dem steil verlaufenden Kurventeil entspricht, bilden sich offensichtlich Eiskristalle, die zu einem festverbundenen Eisgittersystem im Ziegelstein zusammenwachsen, so daß sich der Stein in seiner Schallgeschwindigkeit schließlich wie reines Eis verhält. Er weist dann infolge der Geschwindigkeitszunahme von $v_1 = 1300$ m/s auf $v_2 = 3700$ m/s einen um den Faktor $\frac{v_2^2}{v_1^2} = 8,1$ höheren Elastizitätsmodul auf.

Beim Auftauprozeß wurde der auf $-14\,°C$ abgekühlte Ziegelstein mit den angesetzten Schallköpfen bei Raumtemperatur allmählich aufgewärmt. Dabei sank seine Schallgeschwindigkeit entsprechend der Kurve in Abb. 26 von 3700 m/s nach rd. 150 Minuten auf den Ausgangswert von 1350 m/s wieder ab.

Die vorstehend dargestellten Meßergebnisse können in der Praxis von Bedeutung sein, wenn die an einer Ausmauerung im Winter bei Frost erhaltenen Meßergebnisse ausgewertet und interpretiert werden müssen.

Tabelle

| | Gewicht in Luft G [kp] | Volumen rechner. V [dm³] | Dichte ϱ [g/cm³] | mechanisch Punktfolge Hin v [m/s] | Rück v [m/s] | 22 kHz Punktfolge Hin v [m/s] | Rück v [m/s] | mittlere Geschwindigkeit v [m/s] | 0,25 MHz v [m/s] | 0,5 MHz v [m/s] |
|---|---|---|---|---|---|---|---|---|---|---|
| Schwerbeton-Formstein 1 | 112,5 | 47,30 | 2,38 | 5670 | 5350 | 5420 | 5150<br>4280 | 5180 | 5130 | 5250 |
| 2 | 112,6 | 47,70 | 2,36 | 5000 | 5000 | 5090 | 5000 | 5020 | 4760 | 4870 |
| 3 | 111,5 | 47,34 | 2,36 | 5060 | 5090 | 5000 | 4970 | 5030 | 4610 | 4720 |
| 4 | 113 | 47,31 | 2,39 | 4870 | 4880 | 5000 | 5060 | 4950 | 4760 | 4870 |
| 5 | 113,5 | 47,90 | 2,38 | 4900 | 4750 | 4950 | 4850 | 4860 | 4650 | 4880 |
| Stampfbeton-Formstein 1 | 16,6 | 6,77 | 2,48 | — | — | 5330<br>5000 | 5330<br>4000 | 4915 | — | — |
| 2 | 47,3 | 19,80 | 2,39 | — | — | 4800<br>4280 | 4000<br>4870 | 4250 | — | — |
| 3 | 46,65 | 19,30 | 2,42 | — | — | 3350 | 3600 | 3475 | — | — |
| 4 | 57,8 | 23,80 | 2,43 | — | — | 3830 | 4250 | 4040 | — | — |
| 5 | 49,95 | 20,90 | 2,39 | — | — | 4020 | 4440 | 4230 | — | — |
| stabförmiger Probekörper, $l = 80$ cm; $F = 5{,}9 \times 5{,}9$ cm² | | | | 4000 | 4000 | 4000 | 4000 | | | |

c) *Schallgeschwindigkeiten in Beton*

Tunnel- und Schachtauskleidungen werden häufig in Betonbauweise hergestellt. Für den Streckenausbau im Bergbau kommen besonders Beton-Formsteine zur Anwendung. Die Zusammenfügung zu ring- bzw. bogenförmigen Auskleidungen geschieht mit Mörtel oder mit elastischen Quetschlagen aus verschiedenen Werkstoffen. Die Formen und Abmessungen dieser Steine, die Verarbeitung und Druckfestigkeitsprüfung sind im Normblatt DIN 21525 festgelegt.

Die hier durchgeführten Untersuchungen erstrecken sich außer auf speziell hergestellte stabförmige Probekörper aus Beton besonders auf zwei Beton-Formsteinfabrikate namhafter Hersteller. Es handelt sich um maschinell im Rüttelverfahren hergestellte konische Schwerbetonsteine und doppeltkonische Stampfbeton-Formsteine, vgl. Abb. 27.

Eine kleine Auswahl der Meßergebnisse ist in der Tabelle auf Seite 13 zusammengestellt. Man erkennt, daß im allgemeinen an im Rüttelverfahren hergestellten Schwerbetonsteinen höhere Geschwindigkeiten festgestellt werden als in Stampfbetonsteinen. Dies wird zum Teil durch das Herstellungsverfahren zum Teil aber auch durch das Mischungsverhältnis bedingt sein. Die zuletzt aufgeführte stabförmige Probe weist mit 4000 m/s einen häufig für Beton anzutreffenden Wert auf. An Stahlbetonunterzügen im Keller des Institutes wurden Werte von ca. 3500 m/s festgestellt. Mit höheren Frequenzen von 0,25 und 0,5 MHz waren bei den Schwerbeton-Formsteinen nur Querdurchschallungen möglich. Die Stampfbetonsteine ließen sich mit diesen hohen Frequenzen nicht durchschallen.

d) *Geschwindigkeitsmessungen an Asphaltproben »Spramex 200«*
   *für Schachtauskleidungen*

Für den neuen Schacht in Wulfen wurde die von der Deutschen Shell AG hergestellte, zähflüssige Asphaltmasse »Spramex 200« zur Auffüllung des kreisringförmigen Hohlraumes zwischen dem inneren und dem äußeren Betonzylinder verwandt. Eine Probe dieses Materials wurde auf die Schallausbreitungsgeschwindigkeit bei Raumtemperatur von +20° C hin untersucht. Die Masse wurde in dünne Kunststoffschläuche gefüllt, die mit Stahlplatten an den Enden verschlossen waren. An den drei mit I, II und III bezeichneten Proben wurden nur Punktfolgemessungen mit mechanischer Anregung und mit 22 kHz vorgenommen. Die Ergebnisse sind in der folgenden Tabelle zusammengefaßt.

*Tabelle*

| Spramex 200 Probe | mechanisch Hin $v$ [m/s] | Rück $v$ [m/s] | 22 kHz Hin $v$ [m/s] | Rück $v$ [m/s] |
|---|---|---|---|---|
| I | 1000 | 1000 | 1940 | 2160 |
| II | 883 | 800 | 2990 | 2220 |
| III | 1000 | – | 2500 | – |

Es scheint, daß die Schallgeschwindigkeit in »Spramex 200« stark von der Meßfrequenz abhängt. Leider konnte dieses Verhalten durch Anwendung höherer Frequenzen wegen meßtechnischer Schwierigkeiten nicht weiter verfolgt werden, da der Wellenwiderstand von Stahl und Asphalt zu unterschiedlich ist. Auch Durchschallungsversuche mit mechanischer Anregung und 22 kHz blieben erfolglos, weil die Absorption in der Asphaltmasse sehr hoch ist. Es dürfte daher als aussichtslos bezeichnet werden, wollte man mit den hier zur Diskussion stehenden Schallmeßverfahren etwa die Dicke einer Schachtauskleidung einschließlich des mit Spramex ausgefüllten Raumes oder nur die Dicke der Spramex-Zwischenschicht allein ermitteln.

*e) Anomale Ultraschall-Geschwindigkeiten in Gesteinsbohrkernen*

Im Laufe der vergangenen Jahre wurden an mehreren hundert Bohrkernen Laufzeitmessungen bei Ultraschallanregung ausgeführt. Bei der Anwendung der verschiedenen Erregerfrequenzen im Bereich 5 kHz bis 7 kHz bis hinauf zu 6 MHz hat sich überraschenderweise an einigen Bohrkernen keine Änderung der Ausbreitungsgeschwindigkeit bei den verschiedenen Wellenlängen gezeigt. Bei diesen Bohrkernen konnte in dem angegebenen Frequenzbereich kein Übergang von der Geschwindigkeit der Stabdehnungswelle zur Geschwindigkeit der Vollraum- oder Longitudinalwelle beobachtet werden; die Ausbreitungsgeschwindigkeit behält bei allen Frequenzen bzw. Wellenlängen den gleichen Wert. Über dieses interessante experimentelle Ergebnis liegt bereits die Veröffentlichung [4] vor. Eine befriedigende theoretische Erklärung für diese Anomalie konnte bisher noch von keiner Seite gegeben werden.

## 2. Ergebnisse praktischer Untersuchungen in situ

*a) Mauerwerk*

Da es am verputzten Mauerwerk des Institutsmeßraumes nicht gelang, mit den zur Verfügung stehenden Meßmitteln und den bereits geschilderten Verfahren die Mauerdicke zu bestimmen, wurde entsprechend der Skizze in Abb. 28 versucht, mit Hilfe von Laufzeitmessungen eventuell vorhandene sichtbare und nicht sichtbare Risse oder Gefügeschäden zu ermitteln.

Um eine möglichst große Reichweite des Schalles im Mauerwerk zu erzielen, wurde die mechanische Anregung gewählt. Mit dem Philips-Schwingungserreger, Typ PR 9270, mit permanent-dynamischem Schwingungssystem wurden mechanische Impulse (Stöße) auf das Mauerwerk gegeben. Die Folgefrequenz dieser Impulse betrug mit Rücksicht auf ein ausreichend helles Schirmbild des Elektronenstrahloszillographen 50 Hz. Zur Speisung des Philips-Schwingungserregers diente der im Eigenbau hergestellte Impulsgenerator. Die Schallausbreitungsgeschwindigkeit wurde durch die Methode der Punktfolgemessung bestimmt.

Auf der horizontal verlaufenden Meßlinie 1 wurde die in Abb. 29 dargestellte Laufzeitkurve ermittelt, aus der sich die niedrige Ausbreitungsgeschwindigkeit von 1160 m/s ergibt. Die Kurve verläuft ohne Sprünge und Versetzungen geradlinig, so daß es scheint, daß danach keine Risse oder Gefügeschäden in dem schmalen von der Meßlinie überdeckten Bereich vorhanden sind.

Ein anderes Ergebnis lieferte die in Abb. 30 dargestellte Laufzeitkurve entlang der vertikalen Meßlinie 2 am gleichen Mauerwerk. Der feine, an der Wandoberfläche sichtbare Riß zwischen 80 cm und 90 cm Entfernung vom Anregungspunkt zeigt sich deutlich als Sprung in der Laufzeitkurve. Hinter dem Riß wird außerdem die geringere Ausbreitungsgeschwindigkeit von 1670 m/s gegenüber der von 2000 m/s vor dem Riß gemessen. Über die Rißtiefe läßt sich leider noch wenig aussagen. So ist es durchaus möglich, daß nur sehr oberflächennahe Effekte erfaßt werden und etwas tiefer im Mauerwerk andere Ausbreitungsgeschwindigkeiten maßgebend sind.

Aus diesen und zahlreichen anderen Messungen an verschiedenartigem Mauerwerk ergaben sich Ausbreitungsgeschwindigkeiten, die sehr stark zwischen 800 m/s bis 2000 m/s schwanken. Das erschwert natürlich äußerst stark die praktische Anwendung des Reflexionsverfahrens. Selbst wenn gute Reflexionen erzielt werden könnten, würde die Mauerdickenbestimmung wegen der Unsicherheit des wahren Wertes der Ausbreitungsgeschwindigkeit auf dem Reflexionswege gerade im inhomogenen Mauerwerk sehr problematisch.

*b) Betonausbau des Hengstenberg-Tunnels*

Ähnliche, wenig ermutigende Ergebnisse zeigten die relativ aufwendigen Untersuchungen an der neuen Betonlaibung des Hengstenberg-Tunnels bei der Bahnstation Dahl an der Bundesbahnstrecke Hagen/Meinerzhagen. Es gelang nicht – weder mit dem Refraktions- noch mit dem Reflexionsverfahren – die Dicke der Tunnelauskleidung zu ermitteln.

In den verschiedenen Richtungen auf der Betonlaibung und der Oberbetonplatte des Fahrdammes (vgl. Abb. 31/32) konnten Laufzeitmessungen am besten mit 22 kHz-Anregung ausgeführt werden. Die ermittelte hohe Ausbreitungsgeschwindigkeit von rd. 4400 m/s ist ein Zeichen für die hohe Güte des Betons.

In Abb. 33 und 34 sind Laufzeitmessungen an der Betonzone 6 zwischen zwei Zonenfugen und über diese hinweg dargestellt. Die Sprünge in den Laufzeitkurven und die starke Abnahme der an der Oberfläche ermittelten Ausbreitungsgeschwindigkeiten – genauer müßte man Scheingeschwindigkeiten sagen – hinter den breiten sichtbaren Fugen, vgl. Abb. 31, sind natürlich besonders deutlich; das gilt auch für die Oberbetonplatte, vgl. Abb. 34 rechter Bildteil. Die Dicke dieser Oberbetonplatte konnte übrigens unter Zugrundelegung der in ihr ermittelten Ausbreitungsgeschwindigkeit durch eine gelungene Reflexionsmessung mit 50 kHz Anregungsimpuls zu 15 cm bestimmt werden, in sehr guter Übereinstimmung mit der tatsächlichen Dicke.

An solchen großen Fugen funktioniert erwartungsgemäß das unter II, 1b auf Seite 6 angedeutete Intensitätsverfahren besonders gut. Aus den Abb. 33 und 34 ist u. a. zu entnehmen, daß die Fuge in der Betonlaibung eine 5,2fache Amplitudenverringerung des empfangenen Meßimpulses bewirkt. In der Oberbetonplatte beträgt dieser Verkleinerungsfaktor sogar 12,5 durch die mit einer 1 cm starken Dämmplatte ausgefüllte Dehnfuge.

## 3. Mehrfachreflexionen an Proben

Die Reflexionsmeßversuche in situ hatten keine praktisch verwendbaren Resultate für die Bestimmung von Wanddicken ergeben. In apparativer Hinsicht war das z. T. durch die ungenügende Dämpfung der auf dem Markt befindlichen Schallsender und -empfänger begründet. Auch die mechanische Anregung, bei der genügend große Energie für die Schallimpulserzeugung im Material vorhanden ist, erbrachte keine brauchbaren Ergebnisse. Erst nachdem in den letzten Jahren gut gedämpfte Kristallschwinger und ein neuartiger Elektronenstrahloszillographentyp für die Speicherung auch einmalig ablaufender Vorgänge auf dem Markt erhältlich waren, wurden wieder Reflexionsversuche an Proben verschiedenen Materials aufgenommen.

In stabförmigen oder annähernd stabförmigen Körpern konnten dabei Mehrfachreflexionen erzeugt und ausgewertet werden. Es zeigte sich eine sehr gute Übereinstimmung der durch solche Mehrfachreflexionen ermittelten Schallgeschwindigkeiten mit den aus Punktfolgemessungen ermittelten, wie das aus der nachfolgenden Tabelle auf Seite 17 zu ersehen ist.

*Tabelle*

| Material | Länge $l$ [cm] | Durchmesser $d$ [mm] | Mehrfachreflexionen $v$ [m/s] | Punktfolgemessung $v$ [m/s] |
|---|---|---|---|---|
| Wellenstahl St. 40 | 236 | 40 | 5100 | 5100 |
| Werkzeugstahl St. 56 | 108,6 | 30 | 5170 | 5170 |
| Aluminium (Bondur) | 106 | 32 | 5300 | 5260 |
| Plexiglas | 72 | 40×100 | 2440 | 2500 |
| Sandstein feinkörnig | 186,7 | 22 | 4630 | 4680 |
| Sandstein feinkörnig | 103,2 i. M. | 41 | 4550 | 4550 |
| Sandstein feinkörnig | 73,7 | 70 | 4510 | 4510 |
| Sandstein grobkörnig | 76,2 | 55 | 3720 | 3725 |
| Grauwacke mit Schiefer | 63 | 51 | 4710 | 4650 |
| Grauwacke | 20 | 160×180 | 4050 | 4000 |
| Ziegelstein | 24,7 | 71×113 | 2150 | 2100 |
| Schwerbeton-Formstein | 51 | 320×330 | 5370 | 5400 |
| Stampfbeton-Formstein | 45 | 205×250 | 3660 | 3475 |
| Stampfbeton-Formstein (abgeschnitten) | 14,7 | 200×245 | 4900 | 4915 |

In den Abb. 35 bis 39 sind an einigen Beispielen die mit der Polaroid-Kamera von dem Schirm eines Speicheroszillographen gewonnenen Bilder mit deutlich erkennbaren Mehrfachreflexionen in Stahl (zum Vergleich), grob- und feinkörnigem Sandstein, Grauwacke, Ziegelstein und Stampfbeton wiedergegeben.

Leider gelang es bisher nicht, mit dieser Mehrfachreflexionsmethode und den neueren Geräten auswertbare Reflexionen im Mauerwerk und in Betonauskleidungen zu erzielen.

## 4. Abhorch-Resonanzverfahren

Ebenso ist das unter II, d auf Seite 6 kurz erwähnte Abhorchverfahren nach verschiedenen Versuchsmessungen nur bedingt verwendbar. Bisher gelang es mit den eigenen Bergbau-Horchgeräten und kleinen Körperschallabtastgeräten der Firma Brüel und Kjaer nur, dünne hohlanliegende Schalen oder Platten (Fliesen) an Wänden durch Abklopfen mit gleichzeitigem Abhören am unterschiedlichen Klangbild festzustellen; am Mauerwerk und dicken Betonauskleidungen war damit noch kein Erfolg zu verzeichnen. Mit ähnlichen Untersuchungen hat sich u. a. das Institut für Angewandte Geophysik der Bergakademie Freiberg befaßt. Zur Auffindung von Hohlräumen unter einer Straßendecke wurde auch das Resonanzverfahren versucht, jedoch unter Verwendung tieffrequenter dynamischer Schwingungen. Während sich die Ergebnisse in diesem Falle nicht quantitativ deuten ließen [16], wird in einem anderen Fall [15] nach der Kurzbeschreibung einer geglückten Ortung eines luftgefüllten Hohlraumes nach der Resonanzmethode mit Hilfe eines elektrodynamischen Vibrators auf die grundsätzliche Möglichkeit zur Erkennung von Schichtgrenzen und luftgefüllten Hohlräumen nach dieser Methode hingewiesen. Neuere positive Ergebnisse sind jedoch bisher nicht bekannt geworden.

# IV. Zusammenfassung

Von den geophysikalischen Möglichkeiten, die eine gewisse Aussicht auf eine Klärung der gestellten Aufgabe versprachen, kamen vornehmlich die seismischen Verfahren, das Refraktions- und Reflexionsverfahren in Betracht. Für die Anwendung dieser Verfahren ist die Kenntnis der Ausbreitungsgeschwindigkeiten seismischer Wellen und Ultraschallwellen im Material der Schacht- und Tunnelauskleidungen unerläßliche Voraussetzung. Im vorliegenden Bericht werden daher im wesentlichen die Untersuchungen und Ergebnisse derartiger Messungen beschrieben.

Die Ermittlung der Schallausbreitungsgeschwindigkeiten für die verschiedenen Baustoffe wie Keupersandstein, Sandstein, Grauwacke und Beton werden dargestellt, die Meßergebnisse in Tabellen bzw. Abbildungen wiedergegeben. Für die sehr verschiedenartigen Materialien bzw. Materialkombinationen der Auskleidungen ist es äußerst schwierig bzw. unmöglich, repräsentative Schallgeschwindigkeitswerte zu erhalten. So waren auch die Versuche, Wand- und Mauerdickemessungen nach den im Bericht genannten Verfahren in situ vorzunehmen, bisher ohne Erfolg.

Es erscheint dagegen möglich, Risse und Gefügeschäden aus Sprüngen und Geschwindigkeitsänderungen in Laufzeitkurven entlang einer Meßlinie zu ermitteln. Ebenso besteht für niederfrequente dynamische Resonanzverfahren eine gewisse Aussicht auf Erfolg bei der Bestimmung luftgefüllter Hohlräume.

Auch die Bemühungen anderer Institutionen um Verfahren zur Feststellung der Dicke von Mauerwerk oder auch von Straßendecken – z. B. der Bundesanstalt für Straßenbau – haben u. W. bisher nicht zum Erfolg geführt.

Ob und wie weit andersartige, neuere physikalische und geophysikalische Methoden – z. B. die Infrarotphotographie bzw. das Wärmebildverfahren – unter dem Blickpunkt einer möglichen Anwendung auf die hier gestellte Aufgabe geeignet erscheinen, soll in nächster Zeit in Zusammenarbeit mit dem Lehrstuhl für Geophysik der Ruhr-Universität Bochum überprüft werden.

# V. Literaturverzeichnis

[1] BERGMANN, L., 1954, Der Ultraschall. S. Hirzel Verlag.
[2] KRAUTKRÄMER, J. und H., 1961, Werkstoffprüfung mit Ultraschall. Springer Verlag.
[3] BAULE, H., 1953, Laufzeitmessungen an Gesteinsproben mit elektronischen Mitteln. Geophysical Prospecting Volume 1, Number 1.
[4] BAULE, H., 1960, Anomale Ultraschall-Geschwindigkeiten in Gesteinsbohrkernen. Geophysical Prospecting, Volume VIII, Number 2.
[5] BAULE, H., und E. MÜLLER, 1956, Messung elastischer Eigenschaften von Gesteinen. In: S. Flügge, Handbuch der Physik, Band XLVII, Springer Verlag, p. 197.
[6] Verfasser unbekannt, 1960, Roof Testing device for use underground. Mining Congress Journal.
[7] Verfasser unbekannt, Gegenwärtiger Stand der Forschungen der S.N.C.F. über die Anwendung des Ultraschalls bei der Sondierung der Tunnelgewölbe. Übersetzung aus dem Französischen.
[8] LEHFELDT und Co. GmbH, Ultraschall-Betonprüfgerät nach Dr. Steinkamp. Firmenprospekt.
[9] L.E.A., Ausculteur Dynamique, Typ S.B.R.2 und S.B.R.4. Laboratoire Electro-Acoustique, Rueil, France.
[10] FRIELINGHAUS, R., 1966, Über die Ultraschallprüfung feuerfester Steine. Das Echo 17. Krautkrämer-Mitteilungen zur zerstörungsfreien Werkstoffprüfung.
[11] ROUX, A. J. A., und H. G. DENKHAUS, 1954, An Investigation into the problem of rock bursts, An Operational research project. Journal of the Chemical, Metallurgical and Mining Society of South Africa.
[12] SZENDREI, M. E., und J. P. A. LOCHNER, 1958, The determination of the extent of fracture of rock faces by sonic means. Journal of the South African Institute of Mining and Metallurgy.
[13] PRESS, F., 1958, Elastic wave radiation from faults in ultrasonic models. Publication of the Dominion Observatory, Vol. XX, No. 2.
[14] LUTSCH, A., 1959, The experimental determination of the extent and degree of fracture of rock faces by means of an ultrasonic pulse reflection method. Journal of the South African Institute of Mining and Metallurgy.
[15] STOLL, R., 1967, Vibratorseismische Messungen unter Tage zum Zweck der Schichtgrenzenerkundung, Pfeilerdurchschallung und Hohlraumortung nach der Resonanzmethode. »Bergakademie« 11, S. 664–666.
[16] MEISSER, O., H. MILITZER und H. G. THON, Ein Versuch zum Nachweis oberflächennaher Hohlräume unter einer Straße. Ib. Geol. Bd. 1, Berlin 1965 (1967).
[17] BAULE, H., 1952, Das Bergbauhorchgerät. Ein hochempfindliches, kleines Abhörgerät für Klopfzeichen und Gebirgsgeräusche. Zeitschrift Glückauf.

# VI. Abbildungen

Abb. 1  Schäden im Weinsberger Tunnel
(Aufnahme der Deutschen Bundesbahn)

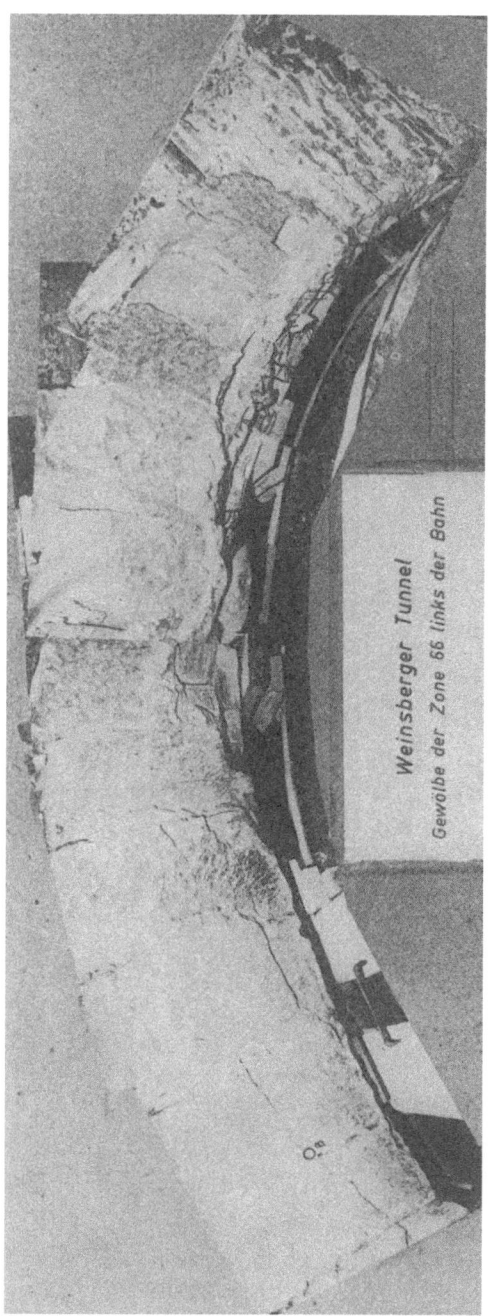

Abb. 2 Schäden im Weinsberger Tunnel
(Aufnahme der Deutschen Bundesbahn)

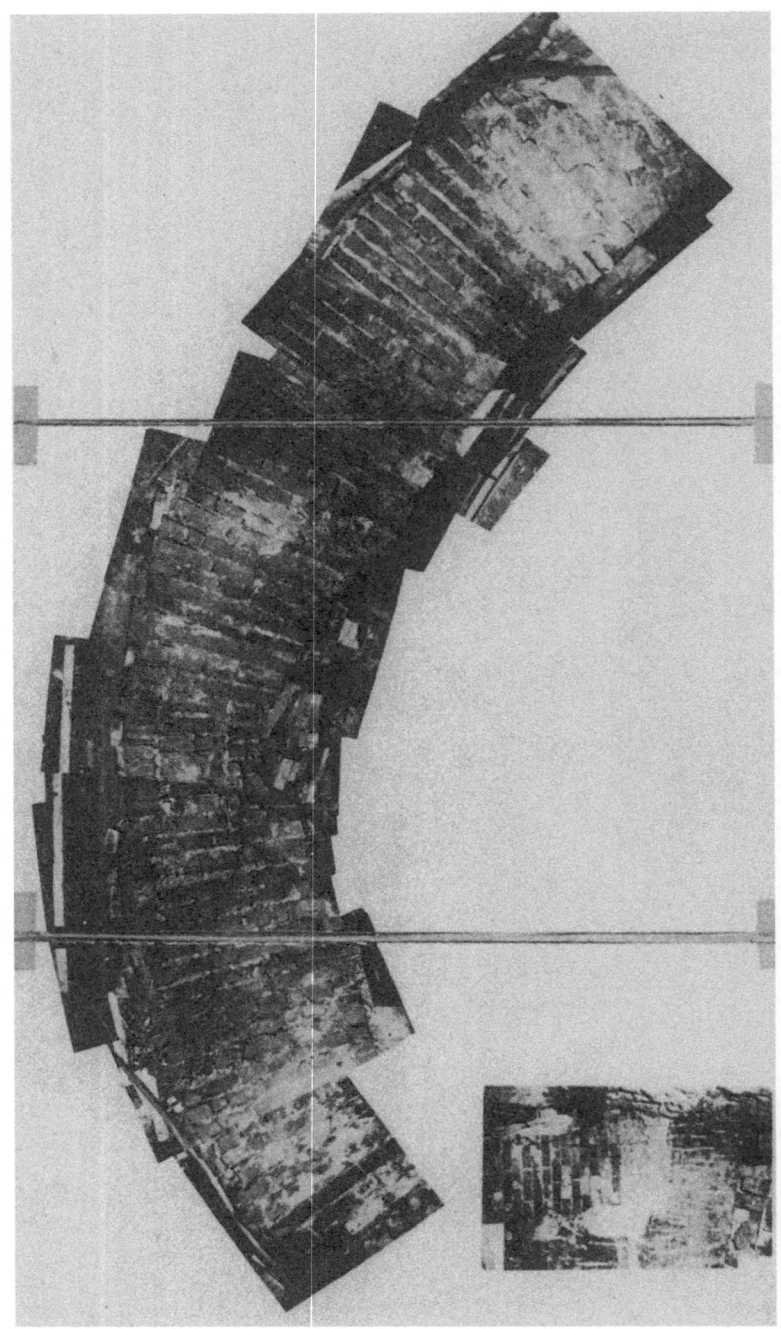

Abb. 3 Schäden im Weinsberger Tunnel, Ziegelmauerwerk (Aufnahme der Deutschen Bundesbahn)

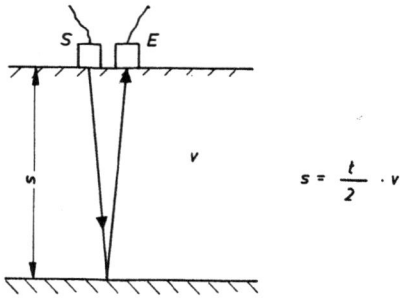

Abb. 4   Prinzip des Reflexionsverfahrens

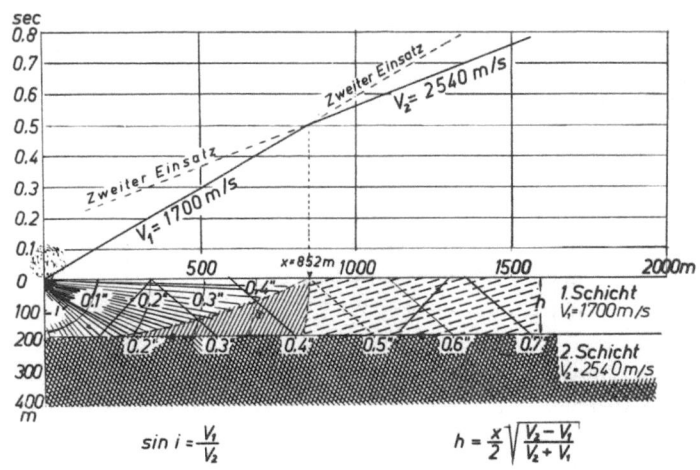

Abb. 5   Prinzip des Refraktionsverfahrens

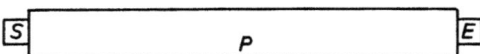

Abb. 6   Schematische Darstellung der Durchschallungsmessung

$S$ = Schallsender
$P$ = Probestab, z. B. Gesteinsbohrkern
$E$ = Empfänger

Die Schallköpfe $S$ und $E$ sind an den Enden des Probestabes $P$ fest angekoppelt.

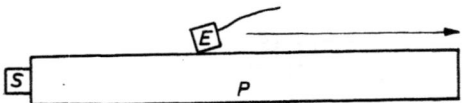

Abb. 7 Schematische Darstellung der Punktfolgemessung
Der Schallsender S ist fest angekoppelt
Der Schallempfänger E tastet den Probestab P auf einer Mantellinie punktweise ab

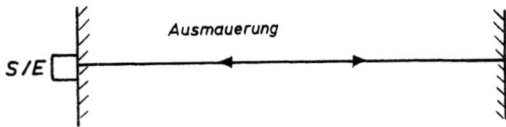

Abb. 8 Schematische Darstellung der Reflexionsmessung
Einkopf-Methode
Der Schallkopf $S/E$ ist fest an der Ausmauerung angekoppelt
Nach Aussenden eines Schallimpulses ist er für das Echo empfangsbereit

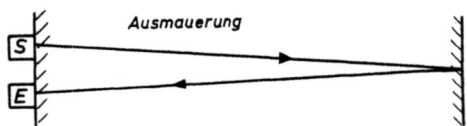

Abb. 9 Schematische Darstellung der Reflexionsmessung
Zweikopf-Methode
Die Schallköpfe S und E sind nebeneinander fest an der Ausmauerung angekoppelt

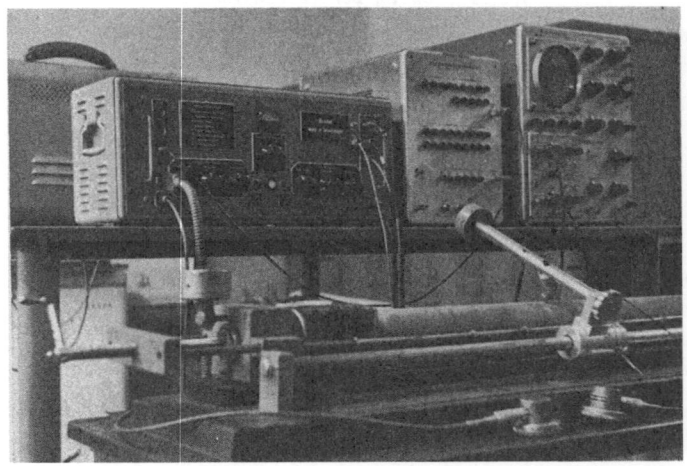

Abb. 10 Elektronische Laufzeitmeßapparatur für 22 kHz und 800 kHz
Im Vordergrund Laufzeitmeßbahn mit eingespanntem Sandsteinbohrkern

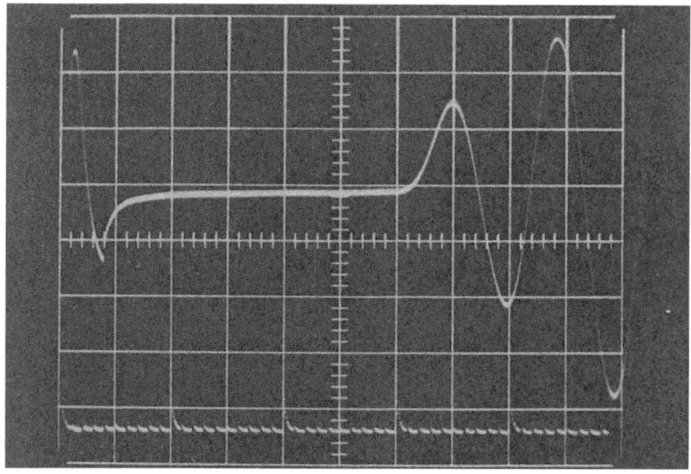

Abb. 11   Schirmbildaufnahme bei Messung mit 22 kHz
         Zeitmarken: 1 µs, 5 µs, 10 µs

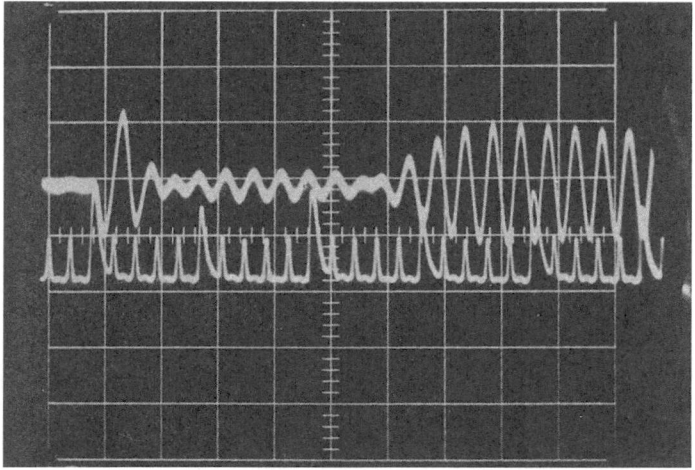

Abb. 12   Schirmbildaufnahme bei Messung mit 800 kHz
         Zeitmarken: 1 µs, 5 µs, 10 µs

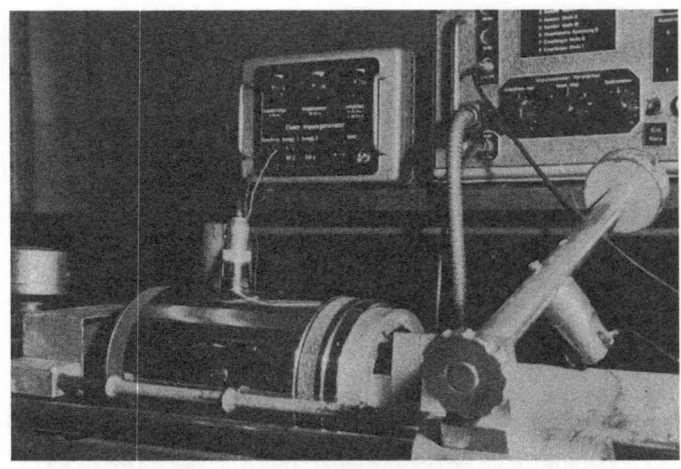

Abb. 13  Erweiterung der Laufzeitmeßapparatur für mechanische Anregung
Im Vordergrund der Philips-Schwingungserreger, Type PR 9270,
darüber der Elektr. Impulsgenerator

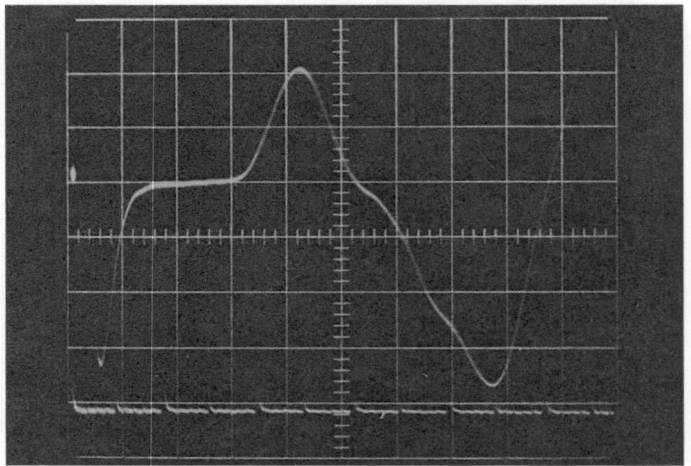

Abb. 14  Schirmbildaufnahme bei mechanischer Anregung
Zeitmarken: 10 µs, 50 µs, 100 µs

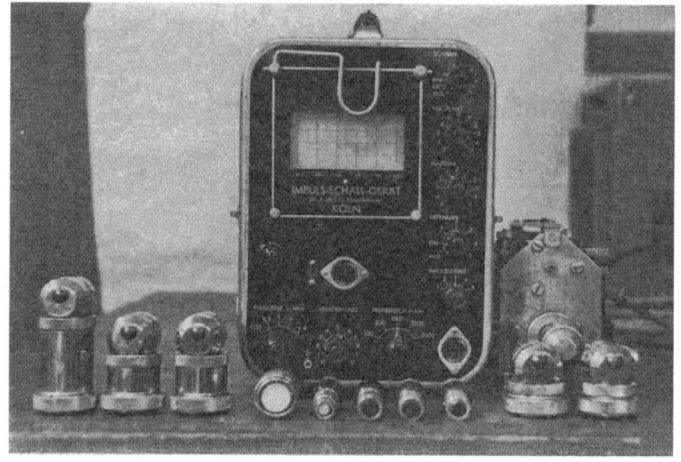

Abb. 15  Impuls-Schallgerät USIP/9 in Normalausführung (0,25–6 MHz)
Im Vordergrund einige Schallköpfe
Rechts das Interferometer (Wasservergleichsstrecke)

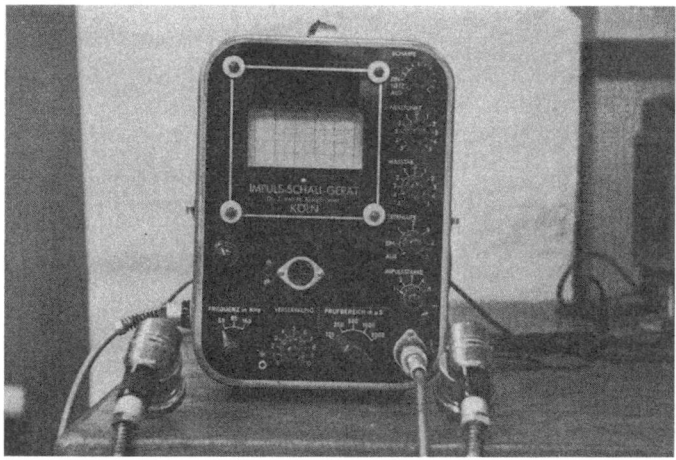

Abb. 16  Impuls-Schallgerät USIP/9 spez. in Spezialausführung (50–150 kHz)
mit den beiden zugehörigen Schallköpfen

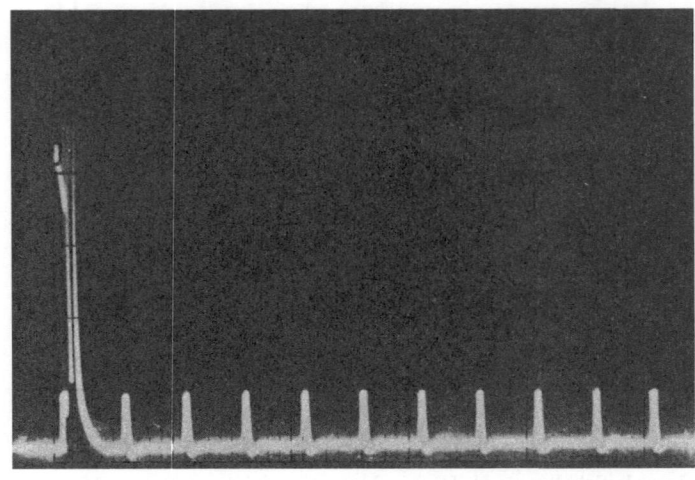

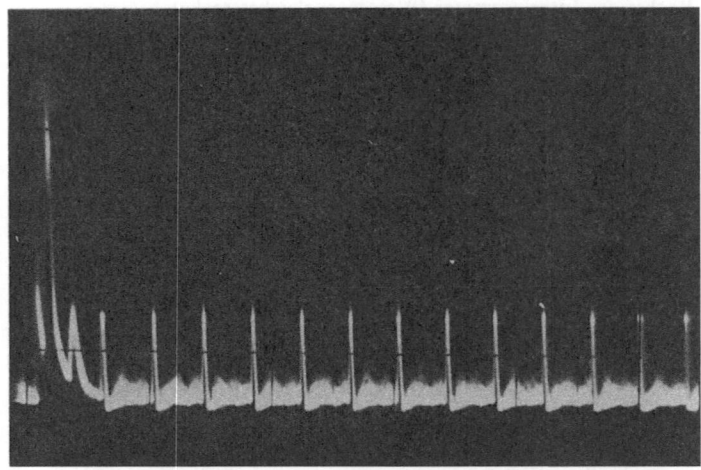

Abb. 17  Schirmbilder der beiden Impuls-Schallgeräte mit Zeitmarken
Der Zeitmarkenabstand beträgt in beiden Bildern 10 µs.

Abb. 18  Das Bergbau-Horchgerät

Abb. 19  3 Beispiele für verschiedene Arten der Schachtauskleidung
 1. Betonformsteinausbau

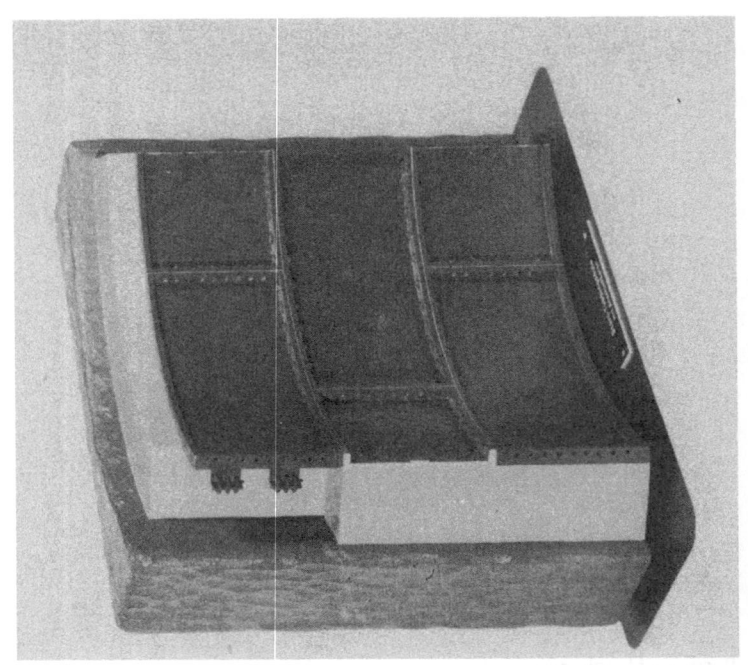

Abb. 19
3. Walzstahltübbingausbau mit Betonmantel
Statt Walzstahl verwendet man auch Gußeisen

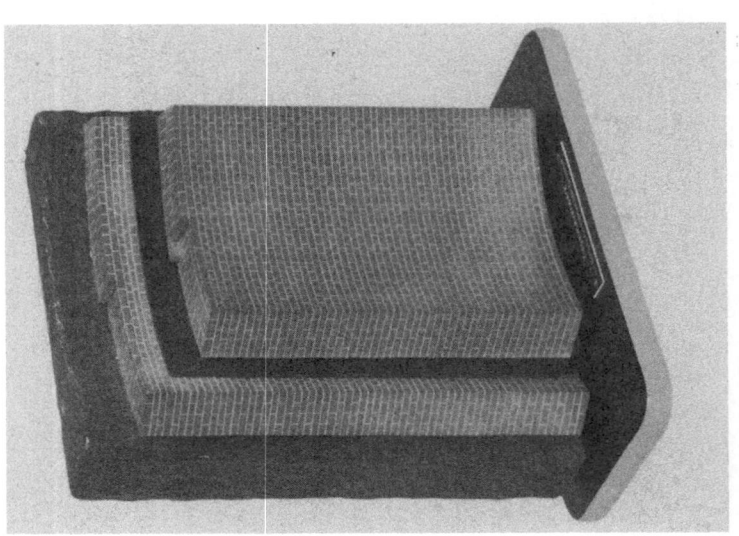

Abb. 19
2. Ziegelsteinausbau mit Fuge aus Dichtungsmasse
Statt der Dichtungsmasse wird auch Beton verwandt

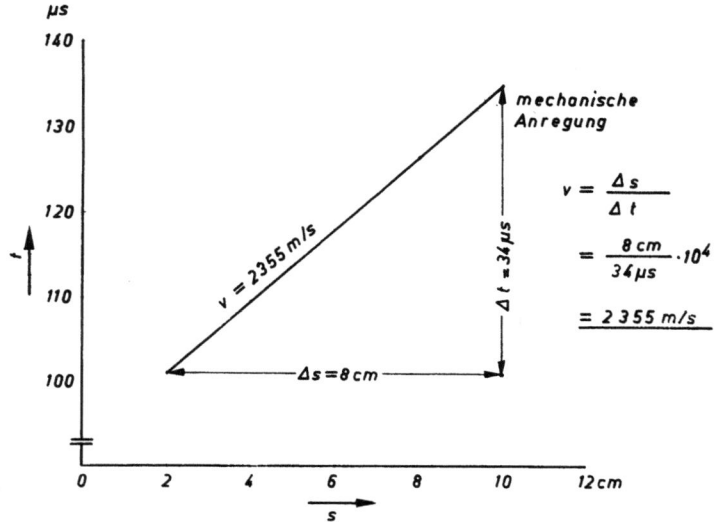

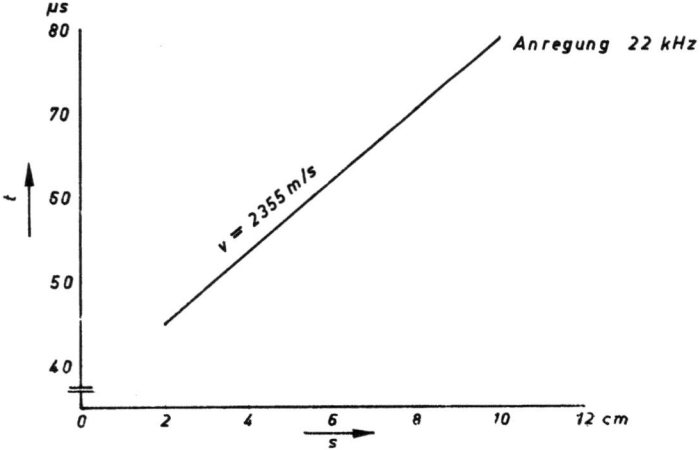

Abb. 20 Keuper-Sandstein
(Länge: 11,8 cm, Durchmesser: 2,5 cm)
Anregung mechanisch und mit 22 kHz

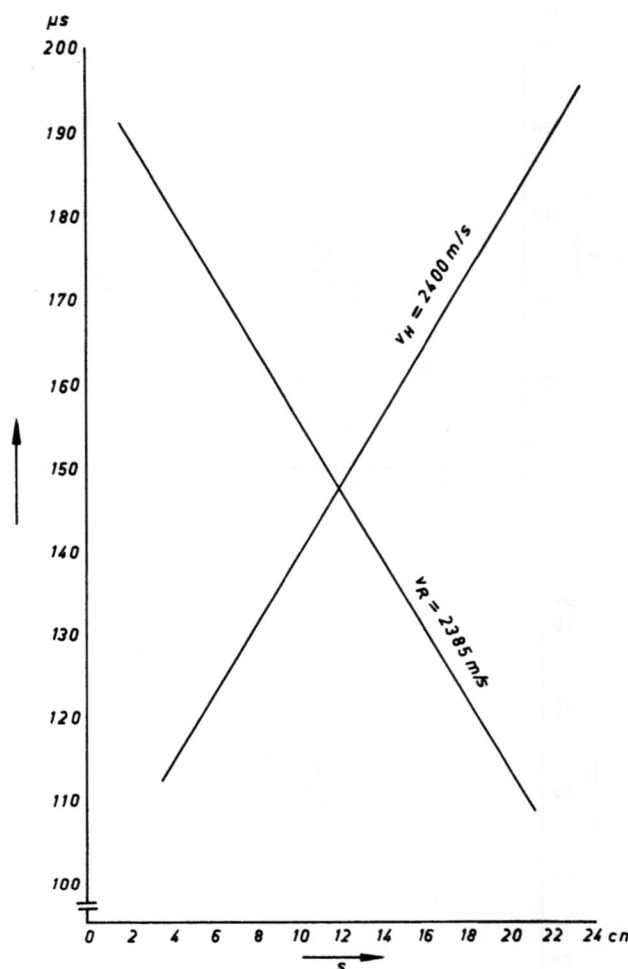

Abb. 21 Ziegelstein, hart gebrannt
Anregung mechanisch

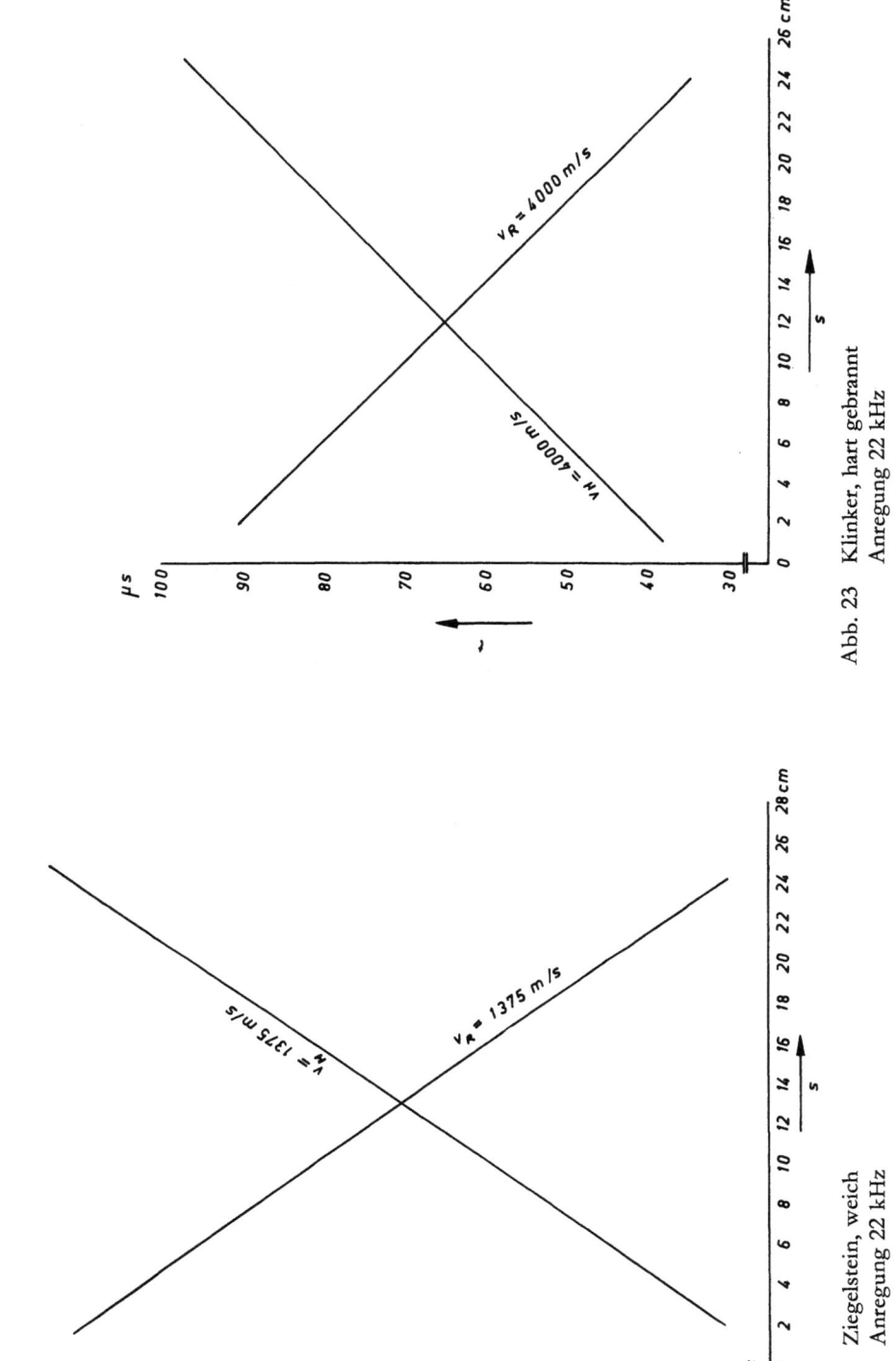

Abb. 23  Klinker, hart gebrannt
Anregung 22 kHz

Abb. 22  Ziegelstein, weich
Anregung 22 kHz

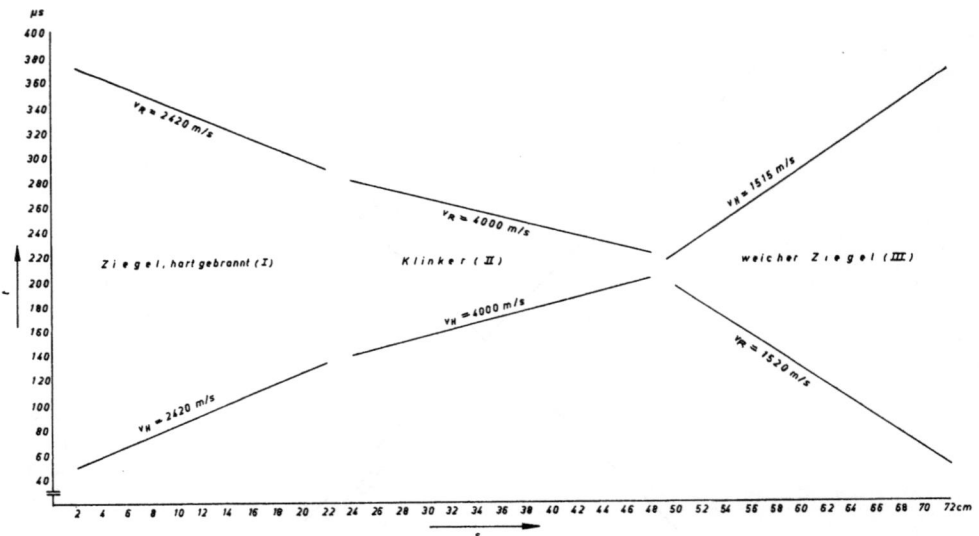

Abb. 24  3 Ziegelsteine (I, II und III)
Fugen im M. 12 mm stark
Mörtelzusammensetzung: ca. 3 Teile Sand, 1 Teil Kalk, 0,5 Teile Zement
Anregung: 22 kHz, Andruck: 1 atü

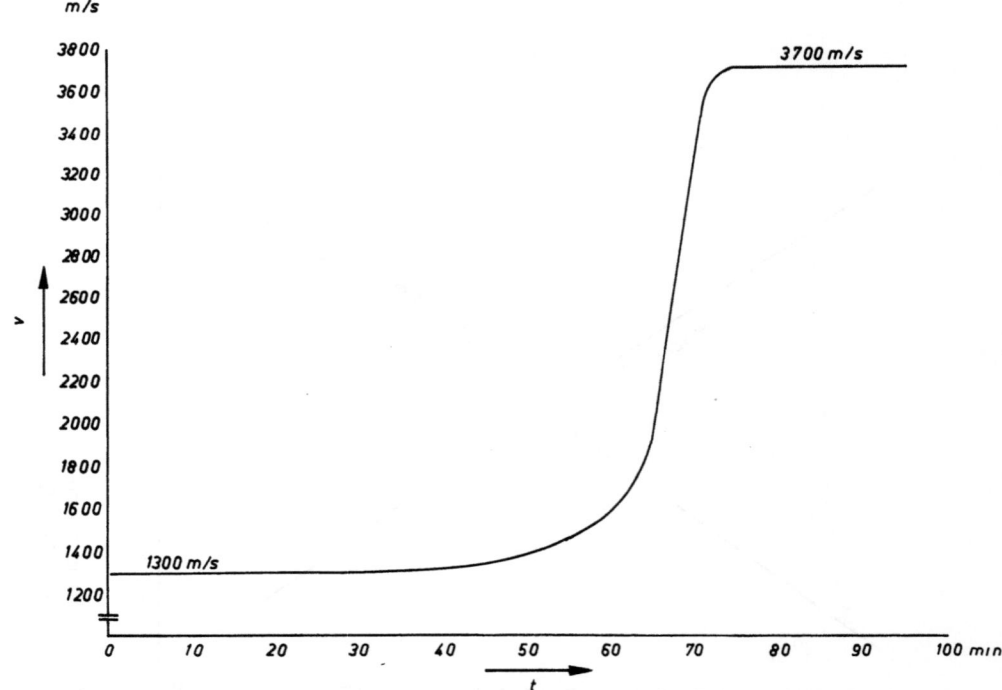

Abb. 25  Ziegelstein von +20°C auf −14°C unterkühlt
Gewicht:  naß 2,930 kp, trocken 2,65 kp
Meßlänge: 24 cm
Anregung: 50 kHz

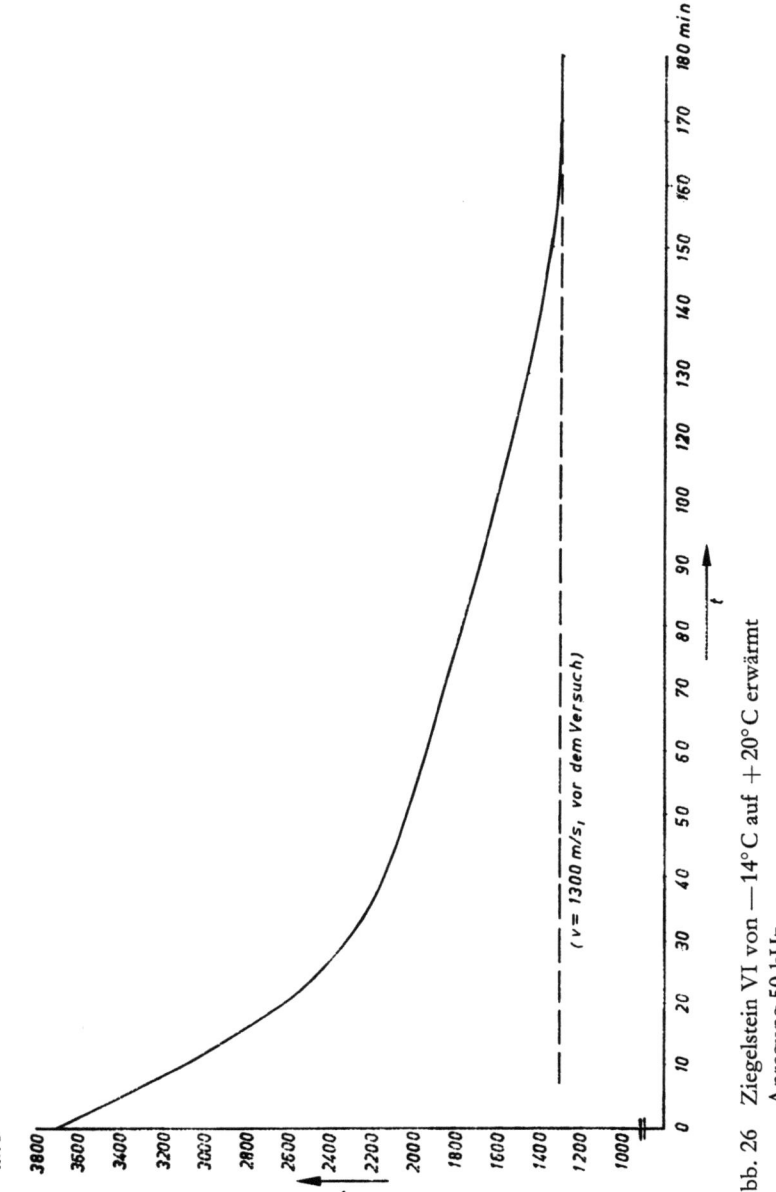

Abb. 26 Ziegelstein VI von −14°C auf +20°C erwärmt
Anregung 50 kHz

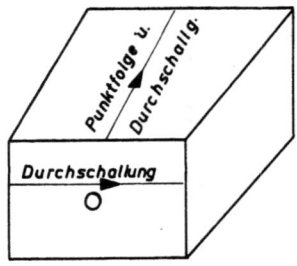

Abb. 27a  Konischer Schwerbeton-Formstein

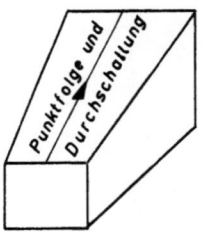

Abb. 27b  Doppeltkonischer Stampfbetonstein

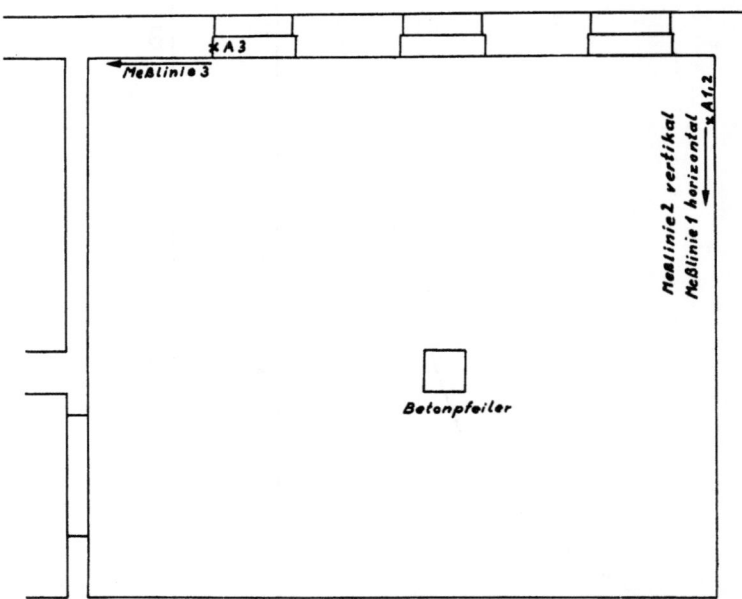

Abb. 28  Grundriß des Meßraumes (Skizze)
  $A1,2$ = Anregungsstelle 1 und 2
  $A3$   = Anregungsstelle 3

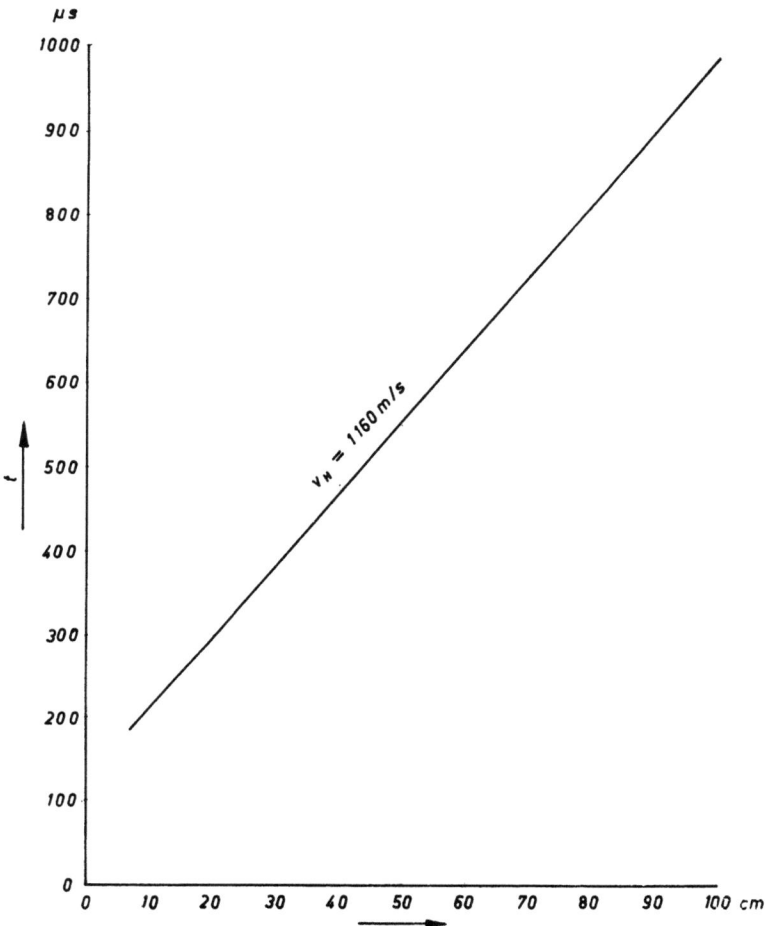

Abb. 29 Verputzte Ziegelsteinmauer
(Meßraum Nordseite, Meßlinie 1, horizontal)
Anregung mechanisch

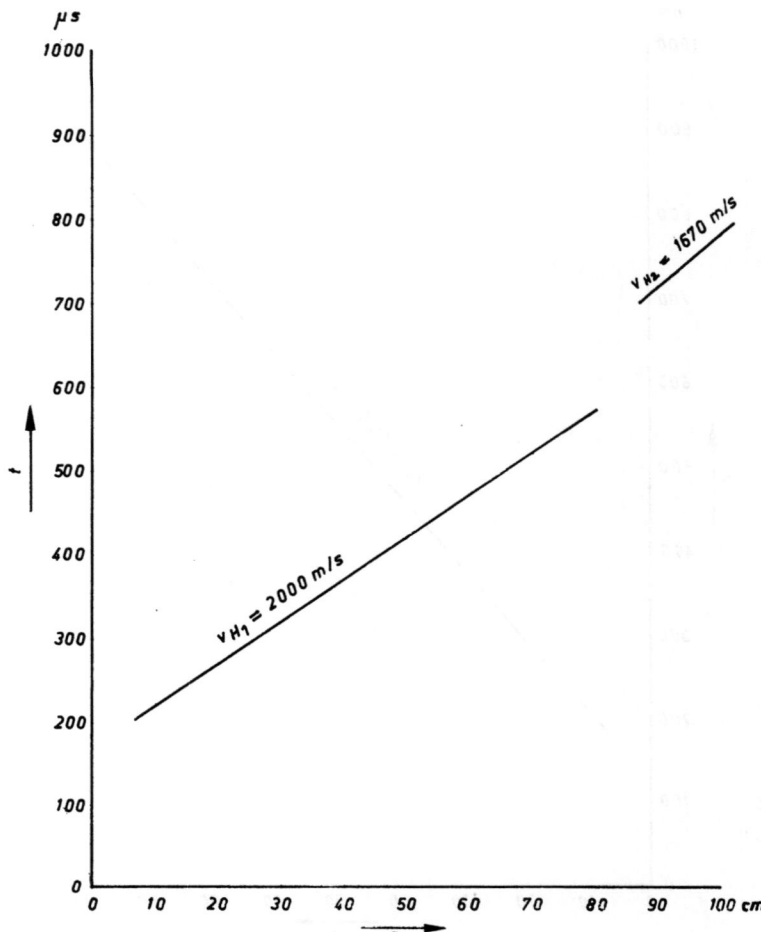

Abb. 30 Verputzte Ziegelsteinmauer
(Meßraum Nordseite, Meßlinie 2, vertikal)
Anregung mechanisch

Abb. 31  Laufzeitmessungen längs verschiedener Meßlinien an der inneren Laibung des Hengstenberg-Tunnels

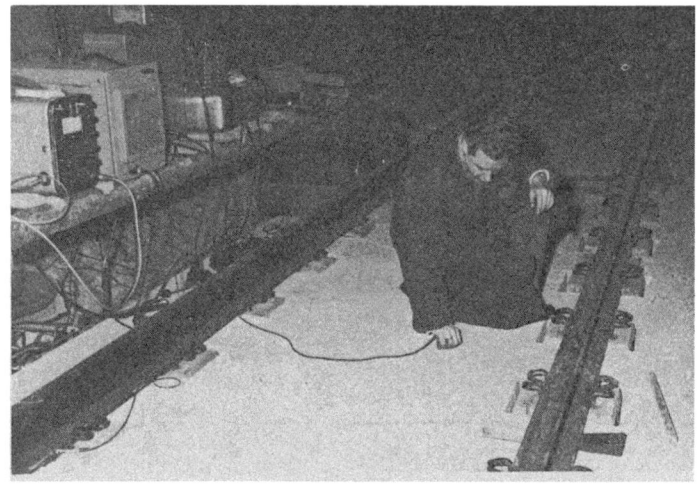

Abb. 32  Punktfolgemessung auf der Oberbetonplatte des Hengstenberg-Tunnels

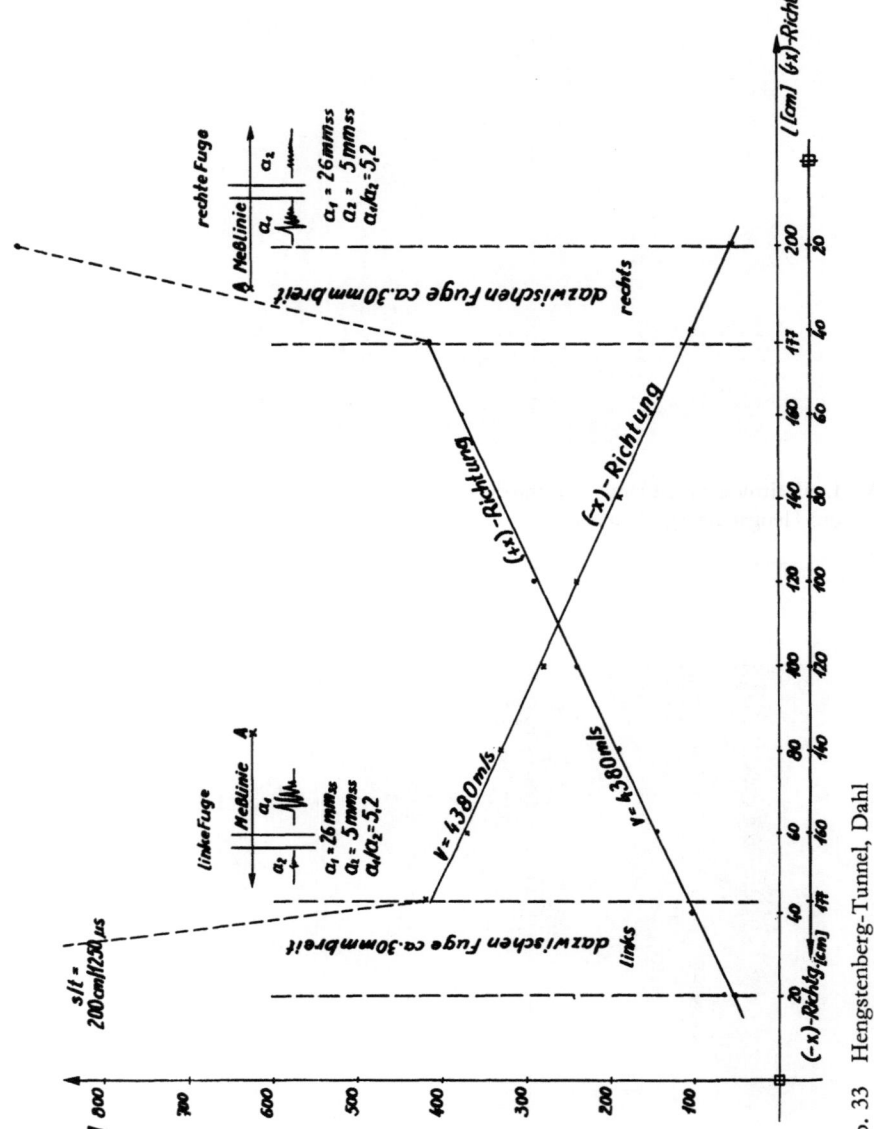

Abb. 33 Hengstenberg-Tunnel, Dahl
2. und 3. Messung am Stoß, 6. Zone, gegenüber der 1. Nische
Anregung 22 kHz

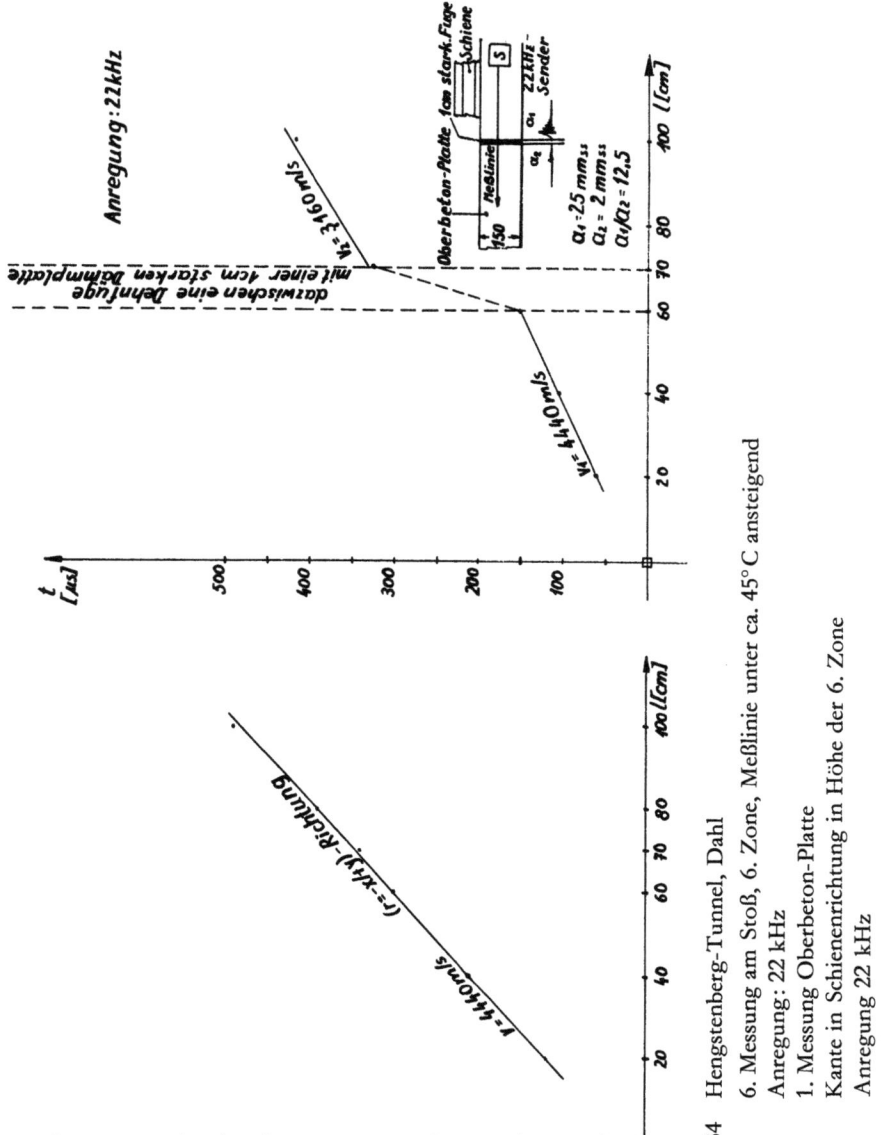

Abb. 34  Hengstenberg-Tunnel, Dahl
6. Messung am Stoß, 6. Zone, Meßlinie unter ca. 45° C ansteigend
Anregung: 22 kHz
1. Messung Oberbeton-Platte
Kante in Schienenrichtung in Höhe der 6. Zone
Anregung 22 kHz

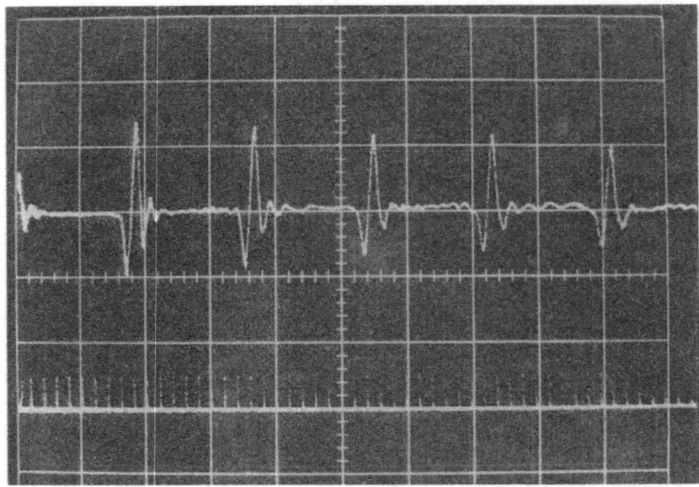

Abb. 35  Mehrfachreflexionen in Wellenstahl St. 40
  Stablänge              236 cm
  Stabdurchmesser        40 mm
  Anregung               mechanisch
  Zeitmarkenabstand      100 µs
  Schallgeschwindigkeit  5100 m/s
  Abtastsystem: Brüel und Kjaer – Beschleunigungsaufnehmer,
     Type 4308, $f_0 = 40$ kHz

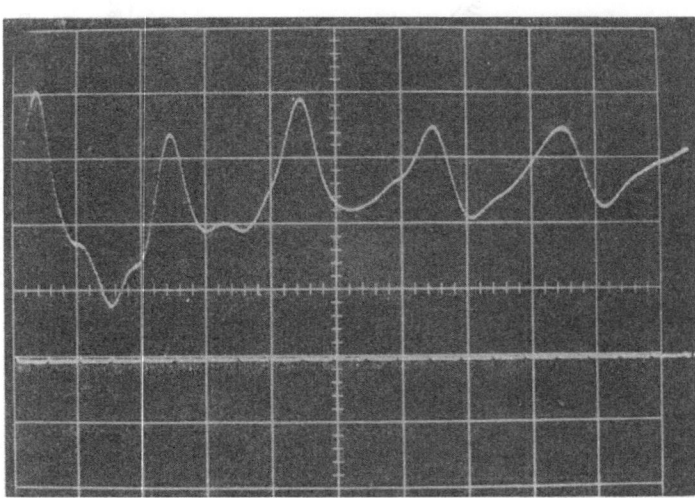

Abb. 36  Mehrfachreflexionen in grobkörnigem Sandstein
  Stablänge              76,2 cm
  Stabdurchmesser        55 mm
  Anregung               mechanisch
  Zeitmarkenabstand      100 µs
  Schallgeschwindigkeit  3720 m/s
  Abtastsystem: Barium–Titanat-Schwinger BO 0,5 s in Spezialausführung
     von Dr. J. und H. Krautkrämer

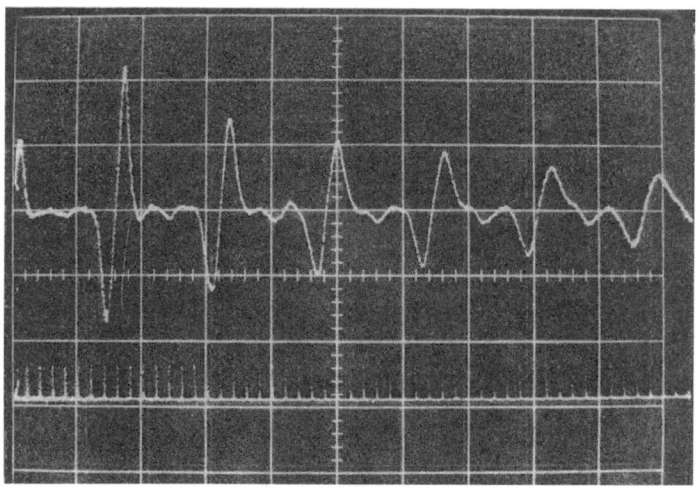

Abb. 37  Mehrfachreflexionen in feinkörnigem Sandstein
Stablänge              186,7 cm
Stabdurchmesser        22 mm
Anregung               mechanisch
Zeitmarkenabstand      100 µs
Schallgeschwindigkeit  4630 m/s

Abtastsystem: Brüel und Kjaer – Beschleunigungsaufnehmer
Type 4308, $f_0 = 40$ kHz

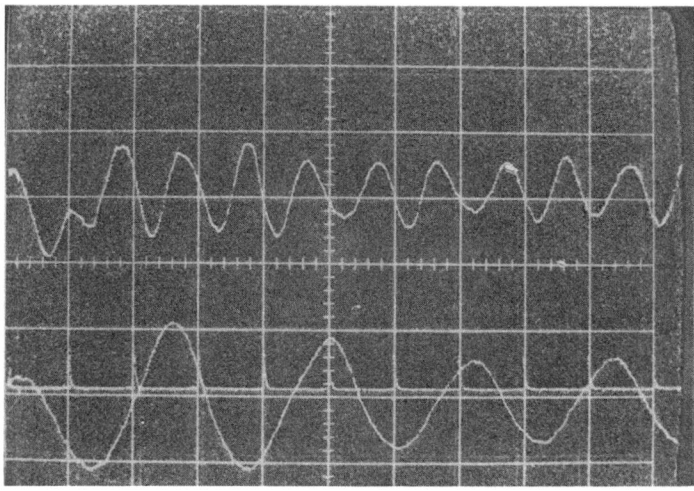

Abb. 38  Mehrfachreflexionen in   Grauwacke            Ziegelstein
                                  (oben)               (unten)
Länge                             20 cm                24,7 cm
Querschnitt                       $160 \times 180$ mm² $71 \times 113$ mm²
Anregung                          mechanisch           mechanisch
Zeitmarkenabstand                 100 µs               100 µs
Schallgeschwindigkeit             4050 m/s             2150 m/s

Abtastsystem: Brüel und Kjaer – Beschleunigungsaufnehmer
Type 4308, $f_0 = 40$ kHz

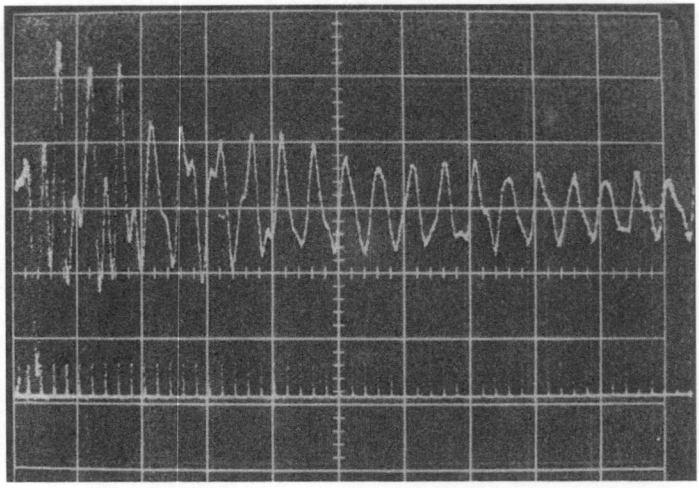

Abb. 39 Mehrfachreflexionen in einem doppeltkonischen Stampfbeton-Formstein
  Länge                  45 cm
  Querschnitt max.       $205 \times 250$ mm$^2$
  Anregung               mechanisch
  Zeitmarkenabstand      100 µs
  Schallgeschwindigkeit  3660 m/s

  Abtastsystem: Brüel und Kjaer – Beschleunigungsaufnehmer
      Type 4308; $f_0 = 40$ kHz

# Forschungsberichte des Landes Nordrhein-Westfalen

Herausgegeben im Auftrage des Ministerpräsidenten Heinz Kühn
von Staatssekretär Professor Dr. h. c. Dr. E. h. Leo Brandt

## Sachgruppenverzeichnis

**Acetylen · Schweißtechnik**
Acetylene · Welding gracitice
Acétylène · Technique du soudage
Acetileno · Técnica de la soldadura
Ацетилен и техника сварки

**Arbeitswissenschaft**
Labor science
Science du travail
Trabajo científico
Вопросы трудового процесса

**Bau · Steine · Erden**
Constructure · Construction material ·
Soil research
Construction · Matériaux de construction ·
Recherche souterraine
La construcción · Materiales de construcción ·
Reconocimiento del suelo
Строительство и строительные материалы

**Bergbau**
Mining
Exploitation des mines
Minería
Горное дело

**Biologie**
Biology
Biologie
Biologia
Биология

**Chemie**
Chemistry
Chimie
Quimica
Химия

**Druck · Farbe · Papier · Photographie**
Printing · Color · Paper · Photography
Imprimerie · Couleur · Papier · Photographie
Artes gráficas · Color · Papel · Fotografía
Типография · Краски · Бумага · Фотография

**Eisenverarbeitende Industrie**
Metal working industry
Industrie du fer
Industria del hierro
Металлообрабатывающая промышленность

**Elektrotechnik · Optik**
Electrotechnology · Optics
Electrotechnique · Optique
Electrotécnica · Optica
Электротехника и оптика

**Energiewirtschaft**
Power economy
Energie
Energía
Энергетическое хозяйство

**Fahrzeugbau · Gasmotoren**
Vehicle construction · Engines
Construction de véhicules · Moteurs
Construcción de vehículos · Motores
Производство транспортных средств

**Fertigung**
Fabrication
Fabrication
Fabricación
Производство

**Funktechnik · Astronomie**
Radio engineering · Astronomy
Radiotechnique · Astronomie
Radiotécnica · Astronomía
Радиотехника и астрономия

## Gaswirtschaft
Gas economy
Gaz
Gas
Газовое хозяйство

## Holzbearbeitung
Wood working
Travail du bois
Trabajo de la madera
Деревообработка

## Hüttenwesen · Werkstoffkunde
Metallurgy · Materials research
Métallurgie · Matériaux
Metalurgia · Materiales
Металлургия и материаловедение

## Kunststoffe
Plastics
Plastiques
Plásticos
Пластмассы

## Luftfahrt · Flugwissenschaft
Aeronautics · Aviation
Aéronautique · Aviation
Aeronáutica · Aviación
Авиация

## Luftreinhaltung
Air-cleaning
Purification de l'air
Purificación del aire
Очищение воздуха

## Maschinenbau
Machinery
Construction mécanique
Construcción de máquinas
Машиностроительство

## Mathematik
Mathematics
Mathématiques
Matemáticas
Математика

## Medizin · Pharmakologie
Medicine · Pharmacology
Médecine · Pharmacologie
Medicina · Farmacología
Медицина и фармакология

## NE-Metalle
Non-ferrous metal
Metal non ferreux
Metal no ferroso
Цветные металлы

## Physik
Physics
Physique
Física
Физика

## Rationalisierung
Rationalizing
Rationalisation
Racionalización
Рационализация

## Schall · Ultraschall
Sound · Ultrasonics
Son · Ultra-son
Sonido · Ultrasónico
Звук и ультразвук

## Schiffahrt
Navigation
Navigation
Navegación
Судоходство

## Textilforschung
Textile research
Textiles
Textil
Вопросы текстильной промышленности

## Turbinen
Turbines
Turbines
Turbinas
Турбины

## Verkehr
Traffic
Trafic
Tráfico
Транспорт

## Wirtschaftswissenschaften
Political economy
Economie politique
Ciencias económicas
Экономические науки

Einzelverzeichnis der Sachgruppen bitte anfordern

 Springer Fachmedien Wiesbaden

MIX
Papier aus verantwortungsvollen Quellen
Paper from responsible sources
FSC® C105338

If you have any concerns about our products,
you can contact us on
**ProductSafety@springernature.com**

In case Publisher is established outside the EU,
the EU authorized representative is:
**Springer Nature Customer Service Center GmbH
Europaplatz 3, 69115 Heidelberg, Germany**

Printed by Libri Plureos GmbH
in Hamburg, Germany